U0370455

文化丝绸

轻纨叠绮
烂生光

赵翰生 ● 著

深圳出版发行集团
海天出版社

图书在版编目（CIP）数据

轻纨叠绮烂生光：文化丝绸 / 赵翰生著. -- 深圳：
海天出版社，2012.1
（自然国学丛书）
ISBN 978-7-5507-0316-2

Ⅰ. ①轻… Ⅱ. ①赵… Ⅲ. ①丝绸－文化－研究－中
国 Ⅳ. ①TS14-092

中国版本图书馆CIP数据核字(2011)第238949号

轻纨叠绮烂生光——文化丝绸
Qingwandieqi Lan Shengguang Wenhua Sichou

出 品 人　尹昌龙
出版策划　毛世屏
丛书主编　孙关龙　宋正海　刘长林
责任编辑　陈　嫣
责任技编　蔡梅琴
封面设计　同舟设计/李杨

出版发行　海天出版社
地　　址　深圳市彩田南路海天综合大厦7-8层（518033）
网　　址　http://www.htph.com.cn
订购电话　0755-83460137（批发）　83460397（邮购）
设计制作　深圳市线艺形象设计有限公司　Tel：0755-83460339
印　　刷　深圳市华信图文印务有限公司
开　　本　787mm×1092mm　1/16
印　　张　7.5
字　　数　90千字
版　　次　2012年1月第1版
印　　次　2012年1月第1次
印　　数　3000册
定　　价　20.00元

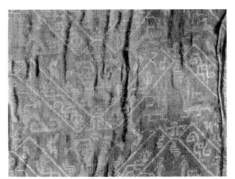

江陵马山一号楚墓出土
的舞人动物纹锦

新疆阿斯塔那
出土东晋织成履

南宋蚕织图

总　序

　　21世纪初，国内外出现了新一轮传统文化热。广大百姓以从未有过的热情对待中国传统文化，出现了前所未有的国学热。世界各国也以从未有过的热情，学习和研究中国传统文化，联合国设立孔子奖，各国雨后春笋般地设立孔子学院或大学中文系。很显然，人们开始用新的眼光重新审视中国传统文化，认识到中国传统文化是中华民族之根，是中华民族振兴、腾飞的基础。面对近几百年以来没有过的文化热，要求加强对传统文化的研究，并从新的高度挖掘和认识中国传统文化。我们这套《自然国学丛书》就是在这样的背景下应运而生的。

　　自然国学是我们在国家社会科学基金项目"中国传统文化在当代科技前沿探索中如何发挥重要作用的理论研究"中，提出的新研究方向。在我们组织的、坚持20余年约1000次的"天地生人学术讲座"中，有大量涉及这一课题的报告和讨论。自然国学是指国学中的科学技术及其自然观、科学观、技术观，是国学的重要组成部分。长久以来由于缺乏系统研究，以致社会上不知道国学中有自然国学这一回事；不少学者甚至提出"中国古代没有科学"的论断，认为中国人自古以来缺乏创新精神。然而，事实完全不是这样的：中国古代不但有科学，而且曾经长时期地居于世界前列，至少有甲骨文记载的商周以来至17世纪上半叶的中国古代科学技术一直居于世界前列；在公元3～15世纪，中国科学技术则是独步世界，占据世界领先地位达千余年；中国古人富有创新精神，据统计，公元前6世纪至公元1500年的2000多年中，中国的技术、工艺发明成果约占全世界的54%；现存的古代科学技术知识文献数量，也超过世界任何一个国家。因此，自然国学研究应是21世纪中国传统文化一个重要的新的研究方向。它的深入研究，不仅能从新的角度、新的高度认识和弘扬中国传统文化，使中国传统文化获得新的生命力，而且能从新的角度、新的高度认识和弘扬中国传统科学技术，有助于当前的科技创新，有助于走富有中国特色的科学技术现代化之路。

本套丛书是中国第一套自然国学研究丛书。其任务是：开辟自然国学研究方向；以全新角度挖掘和弘扬中国传统文化，使中国传统文化获得新的生命力；以全新角度介绍和挖掘中国古代科学技术知识，为当代科技创新和科学技术现代化提供一系列新的思维、新的"基因"。它是"一套普及型的学术研究专著"，要求"把物化在中国传统科技中的中国传统文化挖掘出来，把散落在中国传统文化中的中国传统科技整理出来"。这套丛书的特点：一是"新"，即"观念新、角度新、内容新"，要求每本书有所创新，能成一家之言。二是学术性与普及性相结合，既强调每本书"是各位专家长期学术研究的成果"，学术上要富有个性，又强调语言上要简明、生动，使普通读者爱读。三是"科技味"与"文化味"相结合，强调"紧紧围绕中国传统科技与中国传统文化交互相融"这个纲要进行写作，要求科技器物类选题着重从中国传统文化的角度进行解读，观念理论类选题注重从中国传统科技的角度进行释解。

由于是第一套自然国学丛书，加上我们学识不够，本套丛书肯定会存在这样或那样的不足，乃至出现这样或那样的差错。我们衷心地希望能听到批评、指教之声，形成争鸣、研讨之风。

《自然国学丛书》主编

2011. 10

目 录

前 言

在所有天然纺织纤维中，蚕丝最为独特，它系长丝纤维，具有柔软、光润以及良好的韧性、弹性、纤细度等许多优良纺织特性，是一种十分理想的纺织原料。

正是由于蚕丝这些优良的纺织特性，造就出无与伦比的精美丝绸。中国是养蚕织帛的发源地，世界著名科学史家李约瑟在《中国科学技术史》中，列举了中国传入西方的26项技术；美国学者坦普尔在《中国发明与发现的国度》中，列举了"中国领先于世界"、"西方受惠于中国"的中国古代100项技术发明，丝绸皆出现在其中，说明丝绸无疑具备"大"发明的两项举世公认的标准，即出现时间最早，对世界文明起到重要推动作用。而这项大发明，又比人们熟知的中国古代四大发明：火药、指南针、造纸和印刷术，要古老得多，对人类文明的贡献，也绝不稍逊于后起的这四项科技发明。且与其他创造发明相比，有着出现时间最早、应用最广、传播最远、技术最高、最具特色以及影响深远等显著特点。

为在有限的篇幅中，更好的生动、充实地展示中国丝绸几千年的历史及其显著特色，经反复思考，确定了几条编写准则：

首先，一定要把丝绸的产生和发展脉络展示清楚。

其次，从经济、实用的角度，看丝绸对各个历史时期社会生活的影响。

第三，从技术的角度，看丝绸特色及技术发明创造点。

第四，从丝绸对社会秩序和人民思想的影响，看丝绸的文化意义。

第五，从丝绸的对外输出，看丝绸在中外文明交流中的作用和影响。

第六，在注重学术性的同时兼顾趣味性，收录一些与丝绸有关的故事，以说明问题。

本着上述编写准则，模仿丝绸经纬织造及显花方式，以各个时期的蚕桑丝织生产为"经"，阐述丝绸这项大发明具体出现时间以及它又是如何深深地渗透到历代社会生活的各个方面；以蚕桑丝织技术为"纬"，阐述丝绸技艺特色及对其他工艺技术的影响；以丝绸文化和丝绸对外输出为"花"，以窥探丝绸几千年发展不竭的原因和蕴含在丝绸中的人文追求。期望读者阅后能从中国丝绸兴衰起伏的史实中，寻求本源，理清脉络，对中国丝绸的历史地位有个大概印象。

由于时间紧迫和水平所限，书中错讹、不足之处在所难免，敬请读者批评指正。

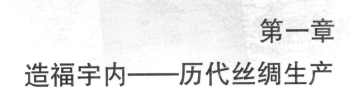

第一章
造福宇内——历代丝绸生产

中国丝绸，伴随着华夏文明的进步历程，以其博大精深的文化底蕴，深深地渗透到历代社会的各个方面，对社会经济和人们生活产生了重大影响，造福宇内几千年。丝绸的起源、发展及历代丝绸生产的史实，是独特而璀璨的中国古代文明的见证。

1. "吃"出来的丝绸

远古先民发现蚕丝并用于织造美丽丝绸的年代，离我们太过久远，现在已很难准确地说出它的发现过程是什么样了，但根据现有的一些资料揣测，丝绸很可能是"吃"出来的。

(1) 啖桑吐丝

我们知道在远古时期，生产力水平低下，食物极度匮乏，原始先民不得不广泛采集一切可以果腹的东西。桑树上结出的香甜桑葚，桑叶上悬挂的白色蚕茧，自然逃不脱先民饥饿的目光。经过大胆尝试，发现桑葚和蚕茧中的蚕蛹都是难得的营养丰富的美味，遂大量采食。较之渔猎获取食物的方式，采摘桑葚和蚕茧相对容易许多，故先民非常重视桑林，常常聚此而居。在主要记述古代地理、物产、神话、巫术、宗教、古史、医药、民俗、民族等方面内容的先秦奇书《山海经》中，以"多桑"标记山地名称的竟达14处之多。值得注意的是，其中特别提到"欧丝之野"，记述"一女子跪据树欧丝"。东汉许慎《说文解字》认为：欧即呕，吐也。"据树欧丝"即"啖桑而吐丝"。与直接可以食用的桑葚相比，蚕蛹包裹在蚕茧之中，食用时须将蚕茧咬破或用利器剖开，方能吃到蚕蛹。1926年，在距今约5600～6000年的山西夏县西阴村民居遗址中，出土过一个半截蚕茧。此茧残长约1.36厘米，最宽处约为0.71厘米，截面明显为利刃所截[1]，印证了先民曾大量食用蚕蛹。（图1-1）后来随着蚕茧采集能力的增强和蚕蛹食用方法的增多，先民又发现将蚕茧放在水中浸煮，蚕茧自然松散，可以较为容易地一次就得到大量蚕蛹。而在茧煮过程中，蚕丝呈松散状态，先民又很自然的依据已有的麻、葛纤维纺织经验，尝试着加以利用。经过一段时间的实践，发现蚕丝的纤维纤长、光滑，其韧性和光泽，是其它纤维无法比拟的，具有良好纺织性能，于是先民开始养蚕，以获取蚕丝。这一在食用过程中的偶然发现，开创了人类利用蚕丝的先声，奏响了响彻几千年的丝绸华贵乐章。因此，就这一发现过程而言，说丝绸是"吃"出来的，似不为过。

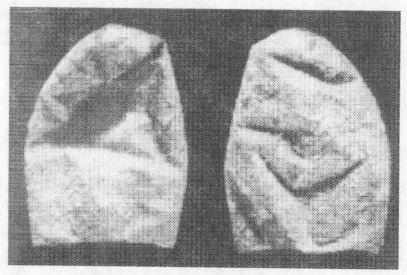

图1-1 山西夏县西阴村出土的半截蚕茧

尽管由于年代久远，我们不能十分肯定茧丝的发现过程，但无数的神话传说和大量的出土文物，却不难推定我国养蚕织帛开始的大致时间。

---

[1] 李济：《西阴村史前遗址》，见《清华学校研究院丛书》，1927年。

⑵ 嫘祖育蚕

养蚕取丝，远古的这一发明是什么时候出现在神州大地上的？流传至今的传说和神话很多，诸如伏羲、神农、黄帝、帝喾、嫘祖等等，都曾被作为养蚕的创始者来供奉。其中流传最广、影响最大的是"黄帝垂衣裳而天下治""嫘祖始教民育蚕、治丝，以供衣服"的传说。这两种传说都有着深厚的社会基础，我们知道黄帝是中华民族的始祖，他带给了我们文明，教我们耕种。嫘祖是黄帝的元妃，中国素有"男耕女织"的传统，将她想象为养蚕治丝的创始人更是顺理成章的。据史书记载：在嫘祖任西陵部落酋长时，发展农业、经贸，安邦治国有方而深受人民爱戴。嫁黄帝为正妃后，"旨定农桑，法制衣裳，兴嫁娶，尚礼仪，架宫室，奠国基"，联合炎帝，战胜蚩尤，统一华夏，被人们尊为"万邦之母"。并因她首先驯养家蚕、创造蚕丝业而被人们奉为"先蚕"和"蚕神"。历朝历代，每到植桑养蚕时间，人们首先祭祀先蚕，以求风调雨顺，桑壮蚕肥，同时也以此来祭奠嫘祖这一伟大的发明创造。用现代的眼光来看，嫘祖养蚕、治丝的传说显然缺乏科学依据。因为织作一匹美丽的丝绸，必须要经过育蚕、缫丝、织造等多道工序才能完成。这样众多的工艺，决不会也不可能是一个人在较短时期之内创造出来的，尤其是在远古时期生产力非常落后的情况下，它肯定是经历过极其漫长的岁月，融会了不同时期人的发明创造，并且在各个环节上都取得了突破，才形成的伟大发明。不过我们知道传说是伴随着历史而存在的。在原始社会，人们崇拜自然，常常把一些有益于人类的创造发明，与上天的恩赐联系在一起。而领导部族的首领，又被看做上天的化身。中国的蚕丝生产起源很早，对人民生活影响极大，把它的创造发明权推溯到中华民族神话中的祖先身上，是很自然的事情，也是可以理解的。

传说虽然不能作为证据，但传说是历史的影子。黄帝时代相当于仰韶文化晚期到龙山文化初期，有趣的是我国养蚕织帛的历史确实是从传说中的时代就已开始，这可以从众多出土文物中得到印证。

(3) 蚕形纹饰

1921年，在辽宁省砂锅屯仰韶文化遗址（距今约5500年），曾发掘到一个长数厘米的大理石制作的蚕形饰，其上的蚕形被学者确认为蚕。1960年，在山西省芮城西王村仰韶文化晚期遗址中，出土过一个长1.8厘米，宽0.8厘米，由6个节体组成的陶制蚕蛹形装饰。1963年，在江苏省吴江梅堰良渚文化遗址（公元前3300年～公元前2300年）中，出土过一个绘有2个蚕形纹的黑陶。将蚕作为饰物，说明蚕在当时人们生活中已是常见之物。

1977年，在浙江省余姚河姆渡遗址中（距今约7000年），出土过一个骨盅。此盅外壁一圈刻有编织纹和4个蠕动的虫形纹。虫纹的身节数与蚕相同，结合同时出土的大量蝶蛾形器物，学者认为虫形纹是蚕纹[1]。将蚕和织纹刻在一起，反映了当时人们头脑中蚕与织密不可分的观念。

图1-2 钱山漾新石器时代遗址出土绸片

在迄今发掘的新石器时代晚期遗址中，除发现一些蚕形纹饰外，还发现了一些丝织物实物。1958年，在浙江省钱山漾新石器时代遗址中，出土有绢片、丝线和丝带。（图1-2）绢片尚未碳化，呈黄褐色；丝线和丝带虽已碳化，但尚有一定的弹性。与同批出土的稻谷一起经放射性同

---

① 浙江省文物治理委员会等：《河姆渡遗址第一期发掘报告》，《考古学报》1978年第1期。

位素C14测定，得出其绝对年代为距今4600～4800年。丝纤维经鉴定，截面呈三角形，系出于家蚕蛾科的蚕，并且经过了缫丝工序[①]。这是长江流域迄今发现最早、最完整的丝织品。

1984年，在河南省荥阳县青台村一处仰韶文化遗址中，出土过一些丝织的平纹织物和组织十分稀疏的丝织罗织物。这是黄河流域迄今发现最早、最确切的实物[②]。

大量蚕形纹饰的出土，既说明蚕与人们日常生活关系之密切，又表明当时可能已出现了蚕神崇拜。而丝织物实物的出土，则证明在距今5000年之前，黄河流域和长江流域地区已开始人工饲养蚕，出现了一定规模的蚕业生产。也就是说，我国蚕业丝绸的源头，至少可以定在新石器时代晚期，且是在不同地域相继独立出现。

2. 九州的物产

先秦时期的地理文献，将我国当时的地域分为九州，它们分别是：冀、兖、青、徐、扬、荆、豫、梁、雍。至少在春秋时期，九州的物产中都出现了丝绸。

《禹贡》大约成书于春秋战国时期，是我国流传至今最古老的地理文献，虽仅有1100余字，却扼要的把各州的主要山川、土壤、物产、贡赋等描述得十分清楚。据该书记载，在九个州中，有六个州的贡品有丝或丝织品。其中：辖境大约是今河北省东南部、山东省西北部和河南省东北部的兖州，贡丝和带花纹的丝绸；辖境大约是今山东半岛及附近地区的青州，贡吃柘木树叶的蚕吐出的丝；辖境大约是今鲁南、苏北、皖

---

① 浙江省文物管理委员会等：《钱山漾第一、二次发掘报告》，《考古学报》，1960年第2期。

② 唐云明：《我国育蚕织绸起源时代初探》，《农业考古》，1985年第2期。

北一带的徐州，贡经过练染过的黑色细绸；辖境大约是今江苏和安徽两省淮水以南，兼有浙江、江西两省的部分地区的扬州，贡一种手工绘花纹的丝织物；辖境大约是今湖南、湖北和江西部分地区的荆州，贡用染成黑和赭红色的丝织成的彩带；辖境大约是今河南省的大部、兼有山东省西部和安徽省北部的豫州，贡很纤细的丝绵。

《禹贡》所记贡品中没有出现丝织品的州是：辖境大约是今山西省和河北省的西部和北部，兼有太行山南河南省一部分土地的冀州；辖境大约是今四川省和陕西省南部的梁州；辖境大约是今秦岭以北地区，包括陕西部分地区的雍州。虽然《禹贡》中没有谈及，但不意味着这三地没有丝绸生产。我们可以在成书比《禹贡》还早，我国最古老的诗歌总集《诗经》中，寻觅出很多的相关资料。

《诗经》是中国第一部诗歌总集，反映了西周初期至春秋中叶大约500多年的史实和风土人情。在《诗经》305首诗歌中，反映各地纺织生产活动的诗歌有30余首，其中记述全国各地风俗民情的《国风》篇里，便有着冀、雍、梁三地人民忙于蚕桑生产的描述。

我们从其中的两篇诗歌中即可窥知一些这三州蚕桑丝绸生产的情况。

《魏风·十亩之间》歌曰："十亩之间兮，桑者闲闲兮。行与子还兮！十亩之外兮，桑者泄泄兮。行与子逝兮！"魏的领地在汾水之间，即陕西省，在冀州境内。歌中之"十亩"，不是表示十亩的实数，而是以整数表示面积大。"闲闲"、"泄泄"则是描述广阔桑田里的男男女女，和乐、舒散，从容不迫采桑的情景。

《豳风·七月》歌曰："……女执懿筐，遵彼微行，爰求柔桑。……七月流火，八月萑苇，蚕月条桑，取彼斧斨，以伐远扬，猗彼女桑。七月鸣鵙，八月载绩，载玄载黄，我朱孔阳，为公子裳。""豳风"指豳地的民俗风情，"豳"是在陕西省境内，而雍州是指秦岭以北的地区，当然包括陕西省。《豳风·七月》歌咏了豳地百姓日常忙于种桑、养蚕、织绸和染色的生产活动。

梁州是现在的四川省和陕西省南部。梁州蚕桑生产的盛况，我们从四川古称"蜀"之由来亦可明了。蜀字早在甲骨文中即已出现，是蠋字（野蚕）的象形字①。东汉许慎《说文解字》释"蜀"为"葵中蚕"。《释文》释"蜀"是"桑中虫"。清代著名汉学家段玉裁所编《荣县志》则说："蚕以蜀为盛，故蜀曰蚕丛，蜀以蚕也。"可见四川正是因为种桑养蚕业发达，才被人们称为"蜀国"或"蚕丛国"的。1965年成都百花潭出土了一件表面有采桑图案的战国铜壶，图上有枝叶茂盛的两株桑树。左面一株，上有两女子，右面一株，上有一男一女，均呈攀枝采叶状。树下一些男女，有的采桑，有的运桑，有的载歌载舞。图案非常生动，实可与上引《豳风·七月》所歌，文图合一。

《禹贡》和《诗经》为我们提供的仅仅是西周到战国时期九州大地处处有蚕桑生产的景象，事实上在这之前的很长一段时间，蚕、桑、丝、绸的生产已在全国各地展开，而且在社会经济生活中占据了重要地位。

3. 马王堆墓葬的发现

汉王朝建立后，初期即推行"休养生息"的政策，不但轻徭薄赋，重农抑末（末是指私人商业），而且提倡发展农桑生产，同时还鼓励人口增殖和开垦荒地以及兴修水利。这些措施的推行，为经济的发展和纺织印染技术的发展，提供了有利条件，并很快就收到了成效。史载当时官府每年仅民间贡赋的绢帛就约在五百万匹以上。按当时规定的幅宽二尺二寸，匹长四丈计算，约合当今二千四百平方米之多。这在约有五千万人口的汉代，产量是相当可观的。

---

① 《蜀锦史话》编写组：《蜀锦史话》，四川人民出版社，1979年，2页。

汉代丝绸生产的技术水平，在1972年发掘的长沙马王堆汉墓出土文物中得到了充分展示。

马王堆一共分三个墓葬，是西汉初年（公元前2世纪）封号为轪侯，名叫利仓的一家人墓地。一号是利苍夫人的墓，二号是利仓本人的墓，三号是利苍一个儿子的墓。这三个墓出土纺织品品种之多，数量之大，保存之完好，在考古发掘中是十分罕见的。

1972年发掘的马王堆一号墓，出土的丝织品和纺织服饰数量之大，品种之多，为历年所罕见。据统计，共出土纺织制品114件，有丝织服装、鞋袜、手套等一系列服饰，整幅的或已裁开不成幅的丝绸以及一些杂用丝织物，计有素绢绵袍、绣花绢绵袍、朱红罗绮绵袍、泥金彩地纱丝绵袍、黄地素绿绣花袍、红姜纹罗绣花袍、素绫罗袍、泥银黄地纱袍、绛绢裙、素绢裙、京绢袜、素罗手套、丝鞋、丝头巾、锦绣枕、绣花香囊、彩绘纱带、素绢包袱等多种。这些丝织物品种有纱、绢、罗、锦、绮、绣等，织物纹样有云气纹、鸟兽纹、文字图案、菱形几何纹、人物狩猎纹等，几乎包括了我们目前了解的汉代丝织品的绝大部分。需要特别提到的是在这众多纺织品中，最令人惊叹的发现：一是丝纤维之纤细。专家对出土丝纤维物理机械性能测定后得出如是结论，出土丝的单丝投影宽度平均值为6.15～9.25微米，而现代家蚕丝为6～18微米；出土丝单丝截面积为77.45～120平方微米，而现代家蚕丝为168微米。当然，应该考虑到这些出土丝年久失水萎缩的可能性，但无论如何，当时家蚕丝是相当纤细的，这是长期研究饲蚕方法的结果[①]。二是纱织之轻薄。有一件素纱禅衣，衣长128厘米，两袖通长180厘米，重量只有49克，尚不足今秤一市两。据南京云锦研究所科技人员分析，该衣是由超细蚕丝织就，千米长丝仅重1克，每平方米衣料仅重12克，其牢度却与军

---

① 上海市纺织科学研究院等：《长沙马王堆一号汉墓出土纺织品的研究》，文物出版社，1980年。

用降落伞不相上下；另有一件是呈方孔的纱料，料幅宽49厘米，长45厘米，重量仅2.8克。这两件纱织品，纱孔方正均匀，薄而透明，给人以轻如烟雾，举之若无的感觉。三是发现罕见的起绒锦实物。这种锦外观华丽，花纹由大小不等的绒圈组成，花型层次分明，显浮雕状的立体效果。四是发现彩绘帛画。有一幅覆盖在内棺上描绘天上人间的帛画，画幅全长205厘米，上部宽92厘米，下部宽47.7厘米，四角缀有旌幡飘带。在画面上方，"伏羲"位于正中，左右日、月相伴，两条龙自日、月下方昂头侧向"伏羲"，扶桑树上的几个小太阳烘托着一个大太阳，穿过龙身向上发展。整

图1-3 马王堆一号汉墓出土帛画

幅画想象丰富，写景生动，色彩绚丽，线条流畅，描绘精细，可以说是无上精品。（图1-3）五是发现汉瑟弦线：弦线直径最细的仅0.5毫米，最粗的为1.9毫米，如此纤细却加工得非常均匀，令人拍案称奇。

1973年至1974年发掘的马王堆二号和三号墓，除出土大量丝织品外，还发现总字数达12万多字的20多种帛书。其中有些是已失传的古籍，有些是与今传世版本有所出入的古籍，如《道德经》《易经》《战国策》三部。这些帛书的规格式样有两种，一种高48厘米，一种高24厘米，分别用整幅和半幅的帛横放直写。手写格式与简册相同，整幅的每行六七十字，半幅的三十余字。出土时整幅的折叠成长方形，半幅的卷在二、三厘米宽的竹木条上，同放在一个漆盒内。帛书这个名称在古文献里经常出现，但在这些帛书实物出土以前，甚至连史学家也不能准确说明帛书的规格式样。马王堆帛书的出土，不仅解决了史学界这个多年

不能澄清的问题，还对我们了解汉代绢帛尺寸有所帮助，弥足珍贵。

　　轪侯是长沙楚王吴芮的丞相，只是个管辖七百户的小诸侯，其家庭墓葬仅丝绸服饰就达到如此奢华的程度，我们从中不难想见汉代南方地区丝织业的发展也是非常兴盛的。

4. "户调"制度

　　三国、两晋、南北朝时期，丝绸在国民经济中的地位，可从各朝政府的税收中窥知一二。此期间普遍采取以丝绸实物按户征收的制度，即"户调"制度。户调的起源，可以追溯到西汉，最初系政府用于应急的税种。"调"含有调度与调发之意，汉代时正赋项目中的算赋和口赋钱以至田租皆可以调发，盐铁钱也可调发，但不可以随地随意征收百姓物品。东汉初期时，虽然"调"已成为人民经常交纳的一项，可是仍没有明确规定其数额及缴纳品。直到曹操取消对丁的算赋和对口的口赋，始将一家一户作为纳税的单位加以固定化及普遍化。

　　曹操为什么变革汉朝的税收制度，推行户调制度呢？这得从汉代的赋税制度和汉末混乱动荡的社会背景谈起。

　　汉代的赋税是按人头缴纳，每一成年人要缴纳一百二十钱，称为算赋，未成年人缴纳二十三钱，称为口赋。在社会安定之时，这种赋税制度能够较顺利的执行，其弊端也尚未显露。东汉末黄巾起义后的军阀混战，导致社会经济崩溃，币值不稳，通货膨胀，兼之人口大量死亡与流徙。旧日的户口册籍严重失实，隐瞒户口逃避税役变得极为容易，政府已很难按算赋、口赋之收入，应付战争及日常支出。此时，如果重编册籍，仍按人头以钱征税，又为时势所不许，必然使政府遭受损失。隐瞒人口容易，隐瞒户便比较难，按户以实物征税，政府也能避免赋税流失。

　　曹操掌握政权后不久即开始整顿赋税制度，推出以绢帛实物征税的方法。建安九年（204年）九月，曹操大败袁绍，得其土地。为稳定政局，安抚民心，曹操明令："其收田租亩四升，户出绢二匹、绵二斤而已，他不得擅兴发。"[①]并规定：田租由比例税率改为定额税，原先的口赋、算赋和包括横调在内的各种的横赋敛，都合并为"户调"。于是"户出绢二匹、绵二斤"与"田租亩四升"的"户调"，自此取代两汉田租、口赋之制成为新的常税与主体税种。

我们不妨以丝绸价格大概比较一下汉代赋税与曹操所制户调的差异。

在宁夏、甘肃以及伊济纳河流域汉代遗址中发现的"居延汉简"以及汉代算数书《九章算术》中，都有一些有关丝绸价格的记载。现择选几个品种列表如下。

书名	名称	数量	记载价格	每匹价格
居延汉简	白练	一匹	一千四百钱	一千四百钱
	皂练	一匹	一千二百钱	一千二百钱
	白素	一丈	二百五十钱	一千钱
	禄用帛	十八匹二尺一寸半	一万四千四百四十三钱	约八百钱
	禄帛	一匹	四百十钱	四百十钱
	河内廿两帛	八匹一丈三尺四寸	二千九百七十八钱	约三百六十钱
九章算术	缣	一匹二丈一尺	七百二十	四百八十钱
	素	一匹一丈	六百二十五	五百钱

帛是丝绸的总称，不同品种的丝绸价格有显著差异。绢类丝织品为平纹织品，上表所列也皆为平纹织品，它们的平均价格在八百钱左右。以一个两丁两口之家计算，按"户调"规定的"户出绢二匹、绵

[①] 《三国志》卷一《武帝纪》注引《魏书》。

二斤"，需缴纳一千六百钱以上。如按最廉价的缣、素计算，也要缴纳一千钱以上。而按算赋、口赋计算，只需缴纳二百六十钱。即便"户调"是国家唯一的租税，也比汉代众多苛捐杂税合并的总和沉重许多。不过对人口多的大家庭来说，似乎差别不大。

"户调"是历史上赋税制度的一项重大改革，起到了安定民生、鼓励生育、刺激生产、增加国家财政的作用。不过，最初并未正式称为"户调"。其名称源于西晋平吴之后的"户调之式"，因为西晋此制也规定按户输绢绵，与曹操颁布的税制类似，所以今人也将建安九年曹操规定的按户缴纳绵绢，称为"户调"。户调自东汉末年正式实施起，到隋代废止，在长达几百年时间中，一直是全国的主要赋税。

5.《兰亭集序》与蚕桑丝绸

《兰亭集序》是东晋大书法家王羲之最著名的书法作品，其字被誉为"飘若浮云，矫若惊龙"、"铁书银钩，冠绝古今"，被称作"天下第一行书"，被后世书家所敬仰。《序》中没有任何谈及蚕桑丝绸的内容，按说与蚕桑丝绸风马牛不相及，但在唐代的一个故事中它却与蚕桑丝绸扯上了关联。

唐朝著名皇帝太宗李世民，酷爱书法，平生收集名人书法无数，王羲之《兰亭集序》便是其中他最珍爱的。他是如何得到《兰亭集序》的，说来有些不雅。王羲之《兰亭集序》问世后曾被多人珍藏过，在唐太宗年间被山阴欣永寺高僧辩才和尚收藏。辩才获悉李世民觊觎《兰亭集序》已久，为不失去《兰亭集序》，对外矢口否认自己藏有真迹。唐代佛教盛行，寺庙僧人享受政府种种优惠政策，知名高僧更是一个特殊阶层。李世民不便直接下诏向辩才讨要，心生一计，派谋臣监察御史萧翼前往谋取。于是萧翼扮成一潦倒书生来到欣永寺，对辩才谎称自己是北人，贩蚕种到南方路过此地，想借宿寺中。辩才毫不生疑，痛快应允。晚间辩才与萧翼就经纶学问、琴棋书画一顿神聊。辩才聊得高兴，不禁放松警惕，拿出《兰亭集序》真迹显摆，让书生一开眼界。哪知书生见到真迹后竟从身上摸出一道皇帝"圣旨"，辩才这才恍然大悟，追悔莫及，没办法只能将《兰亭集序》交给萧翼带走。就这样，李世民巧取豪夺地将《兰亭集序》拿到了手中。

萧翼以"从北方贩卖蚕种到南方"做借口诓骗，辩才又毫不生疑，我们从中可大略联想到，唐太宗时，贩卖蚕种的商业行为非常普遍，南北地区蚕桑生产均很兴盛，北方的蚕种质量优于南方。真实的历史情况确实是这样。

(1) 唐代的蚕桑丝绸生产地域

唐代蚕桑丝绸生产地域广远，东、南至海，西过葱岭，主要的产区大范围合成一片，呈现郡县相连、跨州相连之势。今人将黄河下游、长江下游及长江上游概括为唐代丝绸三大产区。据史料记载统计，黄河下游凡51州，州州赋调丝绸；长江下游江南20州、江北8州，除汀州外，皆为丝绸产区；长江上游66州，有46州或贡或赋丝绸。三大产区的丝绸生产盛况，在唐人的诗词中多有反映。岑参《送颜平原》诗："郊原北连燕，剥劫风未休。鱼盐隘里巷，桑柘盈田畴。"描述了从山东德州到幽燕一带桑柘遍野的景象。张说《邺都引》诗："都邑缭绕西山阳，桑榆汗漫漳河曲。"李白《赠清漳明府侄聿》诗："河堤绕绿水，桑柘连青云，赵女不冶容，提笼昼成群。缲丝鸣机杼，百里声相闻。"描绘出太行山东麓的相州、洺州之地，桑柘无边，机杼声声不息的景象。李频《宣州献从叔大夫》诗："万家闾井俱安寝，千里农桑竟起耕。"写出了宣州地区蚕桑之盛。

唐代南北地区蚕桑生产水平在安史之乱后发生了变化。长江以北的中原地区和华北地区是历史上蚕桑丝绸生产一直较为发达的产区，唐代中期以前，无论是生产规模，还是生产技术水平，均高于南方。但由于安史之乱，北方产区受战乱破坏较大，生产大幅度萎缩，在战乱后生产恢复的也比较缓慢。而南方产区受战乱影响相对小得多，生产发展势头很猛，甚至一度成为朝廷主要财赋来源和征收丝绸的主要地区。唐文献说：安史之乱后，"天下以江淮为国命"[1]，"赋出天下而江南居十九"[2]。说全国赋税江南占了十分之九或许有些夸张，但唐肃宗李亨确实是依仗江南道等南方地区的财赋支持，收复长安和洛阳，最终平定安史之乱的。唐德宗李适时期，关中遭蝗旱天灾，发生饥荒，也是依赖江南两浙转输的粟帛，方"府无虚月，朝廷赖焉"[3]。南北地区蚕桑丝绸生产的这种变化，从安史之乱前后各州贡赋丝绸的情况也可看出。唐前期，据《大唐六典》记载，太府寺以精粗为准，将各州调绢分为八等。纳绢等级高的州，大部分是在黄河下游的河南、河北道所辖区域内。长江下游只有寿、泉、建、闽四州入级。同书还记载，进奉高档丝织品绫、锦、罗的州，以河南、河北道最多，江南道、剑南道次之。一般来说，纳绢等级高、进奉高级丝织品多的州，蚕桑丝绸生产普及，水平也高。唐后期的情况，据《全唐文》载："今江南缣帛，胜于谯、宋。"谯是谯郡，即亳州。宋是宋州。亳、宋两州调绢曾被太府寺评为一等。另据常贡资料，唐前期，长江下游18州，贡丝织品19种，后期亦18州，贡丝织品38种。前后期州数不变，品种却翻了一番。可见江南蚕桑丝绸生产发生了根本变化，不仅绢帛质量有了显著提高，高档丝织品的品种也增加了很多。

(2) 纹样、品种和工艺上的创新

唐代丝绸比之汉代，在许多方面都有了新的发展和创新。以锦为例，从文献和出土实物看，锦的品种繁多。有以织作方法和纹样命名

---

[1] 杜牧《上宰相求杭州启》，《全唐文》卷六百六十。
[2] 《韩昌黎集》卷十九《宋陆歙州诗序》。
[3] 《旧唐书》卷一三二。

的，如透背锦、瑞花锦、大禍锦、瑞锦等；有以产地命名的如蜀锦。也有以用途命名的，如袍锦、被锦等。从组织上分析，唐代的锦分为经锦和纬锦两类。经锦是唐以前的传统织法，蜀锦即其著名品种之一，是采用二层或三层经线夹纬的织法。唐初在以前的基础上，又出现了结合斜纹变化，使用二层或三层经线，提二枚，压一枚的纬锦新织法。以多彩多色纬线起花，比之经锦能织制出图形和色彩都更为繁复的花纹。新疆吐鲁番出土的云头锦鞋，其工艺即是采用这种经锦新织法，用宝蓝、桔黄等色在白地上起花的。纬锦始创于何时，现在还不十分清楚，但在唐代确已逐渐流行和普及。如果以唐代作为时代的分界，织锦技术可划分为两个阶段，唐以前是经锦为主，纬锦为辅，唐以后以纬锦为主，经锦为辅。可见纬锦的出现是唐代织锦技术上的一次非常重要的进步。

现在出土和保存下来的唐代织锦实物较多，如新疆塔里木盆地和吐鲁番等地区都出土过大量唐代织锦。塔里木出土有双鱼纹锦、云纹锦、花纹锦、波纹锦；吐鲁番出土有几何瑞花锦、兽头纹锦、菱形锦、对鸟纹锦、大团花纹锦等10多种；阿斯塔那出土有双面锦，这种是唐代新出现的织锦品种，有时也把它叫做"双面绢"，至今我国仍继续生产。新疆盐湖唐墓出土的三块烟色牡丹花纹绫，以二上一下斜纹组织作地，六枚变纹起花，证明唐代出现了缎类织物。缎类织物不但丰富了唐代的纺织品种，而且使以后我国的纺织品增加了一个大类织品，极大地丰富了我国的纺织品，同时也促进了我国织物组织和织花技术的发展。此外，日本正仓院保存了我国唐代一些织锦，计有莲花大纹锦、狮子花纹锦、花鸟纹锦、双凤纹锦、狩猎纹锦等10多种。（图1-4）现存这些

图1-4 日本正仓院所藏唐代四天王狩猎纹锦

唐代织锦实物，向我们展示了唐代集豪迈与秀美为一体，令人赞叹的织锦风采。它们虽不能反映唐代织锦的全貌，但仍然可以从中看出唐代织锦的特色及所达到的高水平。

6. 丝绸生产的南盛北衰

宋王朝以前，全国即已形成三大蚕桑生产区域：黄河流域、四川盆地及长江中下游。在这三大产区中，黄河流域的生产水平虽一直处于领先位置，但由于中唐至五代时期北方战乱频频，蚕桑生产极不稳定。相对而言，长江流域却比较安定。北方的民众为求生路，纷纷渡江南下。据统计，北宋初年全国3000多万户人口中，南方即有2000多万户，已是北方人口的两倍。北方南下的民众不仅为南方经济提供了大批劳动力，而且带去了先进的生产技术，使长江以南的纺织业发展得比北方更快，全国丝绸生产整体呈南盛北衰的态势。至南宋起，南方尤其是华东沿海地区丝绸生产能力全面超越北方，所以现在一提起中国的丝绸，自然便会想到江苏和浙江沿海数省。下面我们比照两宋时期的丝绸产量，简略说说南北丝绸生产的变化。

北宋时，尽管北方地区饱经战乱，但当时的政治文化中心仍是在北方，而且黄河流域有着非常悠久的蚕桑生产传统，所以屡遭破坏的蚕桑生产仍旧保持了一定的规模。据《宋史·地理志》记载，北宋中期全国二十四路中上贡丝织品的地方有：京畿路的开封；河北东路的大名、沧州、冀州、瀛州、保定等；河北西路的真定、相州、定州、邢州等；京东西路的应天、袭庆、徐州、曹州、郓州等；京东东路的齐州、青州、密州、淄州、淮州；淮南路的亳州、宿州、海州等；两浙路的临安、越州、平州、润州、明州、瑞安、睦州、严州、秀州、湖州；成都府路的益州、崇庆、彭州、绵州、邛州；梓州路的怀安、宁西、梓州、遂州；

利州路的洋州、阆州、篷州；福建路的泉州；广南路的韶州、循州、南雄；秦凤路的西安、渭州。可见北方诸路基本都有丝绸生产，且工艺水平不低，故可作为贡品上供朝廷。如果说上述记载过于简单，不够翔实，那么《宋会要辑稿》中所记北宋中期全国各路岁收丝绸的数字，则量化的反映了当时各地区的生产情况。

据统计，北宋时期，包括京东东路、京东西路、河北东路、河北西路、河东路等的黄河流域产区，丝织品生产总量约占全国生产总量的25%，其中各类丝织品的平均产量，则占30%强；包括淮南东路、淮南西路、两浙路、江南东路、江南西路、荆湖北路、荆湖南路等的长江流域产区，丝织品生产总量占全国生产总量的50%以上，其中仅两浙路所产就稍高于黄河流域；而以成都府路、梓州路为主的四川产区，丝织品生产总量占全国生产总量的四分之一以下。这些数据表明，在北宋时南方的蚕桑生产就已超越北方，但这种超越只是数量上的超越，在工艺技术方面似乎北方仍然保持着一定优势。因为北方的锦、绮、鹿胎、透背等高级丝织品和杂色染帛的产量占全国生产总量的70%左右，远远高于其他产区，而长江中下游地区的丝绸总产量尽管已是北方的2倍多[1]，但所产多为罗、绢、絁、纱、縠等中低档丝织品，说明此时南方蚕桑丝绸生产正处于高速发展期。

北宋后期，金兵占领中国北部国土，北方大部分地区又一次遭到战争摧毁，蚕桑生产处于停滞不前甚至倒退的状况。据《金史》记载，当时黄河流域只有中都路的涿州贡罗、平州贡绫，山东西路的东平府产丝、绵、绢、绫、锦，大名府路的大名府贡绢、縠、绢，与《宋史·地理志》所载北宋中期的情况相差甚远。而此时南方，特别是长江中下游流域却相对安定，蚕桑生产发展势头不减。由于缺少北方黄河流域蚕桑生产的详细资料，只能根据对《宋会要辑稿》所载南宋势力范围内诸路合

---

[1] 朱新予主编：《中国丝绸史》（通论），纺织工业出版社，1992年。

发布帛数的统计，将长江中下游流域和四川地区在不同时期的几类丝织物产量作一比照说明（见表）。

表：不同时期长江中下游流域和四川地区丝绸产量比照（单位：匹）

	锦绮绮类	罗类	绫类	绢类	絁类	紬类	合计	丝绵类（两）
北宋长江流域	13	78247	6557	3184108	29810	546657	3845392	5356217
北宋四川地区	1898	1942	38768	938568	1893	236747	1219816	3674208
倍数（长江/四川）	0.007	40.306	0.169	3.393	15.747	2.309	3.152	1.458
南宋长江流域	——	21124	31196	1438744	3000	85760	1579824	1946988
南宋四川地区	1880	45	34233	73902	——	860	110920	20040
倍数（长江/四川）	0	469.422	0.911	19.468		99.721	14.243	97.155

表中数据显示，南宋时期，尽管全国丝绸总产量由于棉花的兴起而呈大幅下降趋势，但长江中下游流域的丝绸产量所占比重却更显突出。北宋时其产量只是四川地区的3倍多，南宋时飙升到14倍多；各类丝织品中，除锦、绮、绫外，罗、绢、紬、丝绵等长江中下游流域的产量，在南宋时已是四川地区的几十倍，甚至近百倍。相对安定的四川地区，蚕桑生产差距尚且被大幅度拉大，战乱中的北方地区当然亦然。这些数

据表明中国蚕桑生产从黄河流域向长江以南广大地区长达几个世纪的转移，在南宋时期终于结束，并奠定了明清以至现代江苏和浙江两地丝绸兴盛发达不可动摇的格局。

7. 江南三织造

明清两代经济生活的重大特征是资本主义萌芽，它对丝绸生产有着极为明显的影响。此期间，丝绸生产的最大特点：一是官营丝绸手工业规模庞大；二是蚕桑丝绸生产商品化程度越来越高，而且繁荣的丝绸贸易进一步提升了江浙蚕桑丝绸生产的重要地位。

(1) 官营织染机构

明清两代官营手工业极为发达，朝廷在各地设有众多的官营织染机构。在这众多的丝绸官局中，尤以清廷直属的江南三局，即江宁局、苏州局、杭州局，规模最为庞大。

江宁局创设于顺治初年，主要织造供宗庙祭祀、封赠之用的缣、帛、纱、縠等丝织品。最初织机数量不是很多，史载，顺治八年（1651年）设神帛机30张，年织帛400端。康熙时，织机数量骤增，有诰机35张，缎机335张，部机230张，年织帛额定也变为2000端。雍正三年（1725年）时，有缎机365张，部机192张。乾隆十年（1745年）时，有织机600张，机匠及其它役匠2547名。乾隆四十三年（1778年）时，江宁局原额定生产的2000端缣帛，已远远不能满足各坛庙陵寝祭祀及衣用之需，遂又改为每年由礼部核定数目，由江宁局如数织造。

朝廷封赠官员的专用文书——诰命，也是由江宁局用专门的诰机织成。所谓诰是以上告下的意思，故诰命亦称诰书。清规定：封赠官员首先由吏部和兵部提准被封赠人的职务及姓名，而后翰林院依固定的程式，

21

用骈体文撰拟文字。届封典时，中书科缮写，经内阁诰敕房核对无误后，加盖御宝颁发。诰命根据发放的对象，有不同的叫法，五品官员本身受封称为"诰授"，封其曾祖父母、祖父母、父母及妻，生者称"诰封"，死者称"诰赠"。按照清代定制，凡太上皇、太皇太后、皇太后布告天下臣民，也用诰书。由于各官员的品级不同，诰命封赠的范围及轴数、图案也各有不同。据（嘉庆）《大清会典事例》载："遇应用之时，由部预期行文该织造如式置办。诰命用五色或三色纻丝，文曰奉天诰命；敕命用纯白绫，文曰奉天敕命，均织升降龙，文兼清汉字。一品玉轴鹤锦，二品犀轴螭锦，三、四品贴金轴，五、六品角轴牡丹锦，七品以下角轴小团花锦。"康熙元年（1662年）时，江宁局有诰机35张。

图1-5 苏州织造府行宫图

苏州局建于顺治三年（1646年），分为南北两局。南局名总织局，亦称织造府或织造署，现藏苏州博物馆的苏州织造局碑，记录了南局规模，碑文云："姑苏岁造，旧时散处民间，率则塞责报命，本部深悉往弊，下车之后，议以周戚畹遗居堰为建局。具题得旨，今创总织局，前后二所大门三间，验缎厅三间，机房一百六十九间，处局神祠七间，绣缎房五间，染作房五间，灶厨菜房二十余间，四面围墙一百六十八丈，开沟一带长四十一丈，厘然成局，灿然可观。画图立石口口永久。"北局名织染局，以明织染局旧址改建。（图1-5）顺治康熙年间，苏州局有缎机420张，部机380张。雍正三年时，有缎机378张，部机332张。乾隆十年时，有织机663张，机匠及其它役匠2175名。织造的产品分为上用和官用两种，系龙衣、采布、锦缎、纱绸、绢布、绵甲及采买金丝织绒之属。康熙二十三年（1684年），在织造署西侧建行宫，作为皇帝"南巡驻跸之所"。

杭州局是顺治四年（1647年），由工部右侍郎陈有明在明代杭州织造局旧址上督造重建的。新织局有"东西二府，并总织局机、库房三百零二间，修理旧机房九十五间"。顺治初有"食粮官机三百张，民机一百六十张"。康熙时，有缎机385张，部机385张。雍正三年时，有缎机379张，部机371张。乾隆十年时，有织机600张，机匠及其它役匠2230名。顺治初年主要织造皇帝及皇室成员的礼服，康熙四年（1665年）又织造仿丝绫、杭紬等项。

江南三局重建之初，督理织务的织造官员，曾一度由太监担任。顺治三年改以工部侍郎一员总理织务，选派内务府郎官管理。织造官的权限和地位颇为特殊，虽名曰织造，实为皇帝的耳目，不单单负责向朝廷提供锦缎，还要经常向皇帝报告当地官员和平民的动向，故织造职位一直由皇帝亲信担任。以江宁织造局为例，雍正以前，江宁织造一直由曹姓家人曹玺、曹寅、曹颙、曹頫把持。康熙六次南巡，五次以曹寅织造府作为行宫，四次指令曹寅接驾，由此可见皇帝宠信曹家的程度非同一般。另据红学专家考证，曹寅是曹雪芹的祖父，《红楼梦》中所描写的众多人物关系，很多是出自"江南三织造"。如曹雪芹的舅祖李煦曾担任苏州织造之职；曹寅的母亲孙氏，来自于杭州织造孙文成的孙家；曹寅的妻子李氏来自于苏州织造李煦的李家。"江南三织造"同是包衣之家，又是亲戚关系。三大织造的关系基本定位了《红楼梦》中曹家的人物。

江南三局中的各色匠人来源有两种方式。一种是织局按照额定编制人数招募而来。这类工匠雇募到局应差后，织局提供口粮，如不被革除，不仅可以终身从业，而且子孙可以世袭。不过他们不能随意与织局解除雇佣关系，如有过失往往还要遭受鞭刑，已非完全自由的劳动者。一种是采用 "领机给帖"方式，将民间大批机户机匠划归自己管理。所谓的"领机"是指由织局拣选民间熟谙织务的机户机匠，承领官局的织机；"给贴"则是承领者将姓名、籍贯和领用的机子类型、台数在织局造册存案后，织局发给官机执照。机户机匠一经拿到执照，即成为织局的机匠，又称"官匠"，每月可以从织局领取工银和口粮。每年朝廷织造任务下来后，织局预先买好原料，令下属的机匠向织局领取，同时告诉机匠交纳成品的时间。雇工进局，使用官机，既简化了管理，又保证了官局织造任务的顺利完成。

(2) 江浙蚕桑丝绸生产的地位

明清时期商品经济进一步发展，丝绸贸易日臻活跃，出现了大量丝绸牙行和丝绸牙人中间商。据记载，当时苏州丝绸充斥于市，招致各方商贾蜂拥而至，甚至连远在西南偏僻地区的商人，也不顾道路艰险，来到苏杭购买丝绸新品种，然后回去贩卖。丝绸贸易的场面，在明代话本小说中经常出现，如冯梦龙小说集《醒世恒言》中《施润泽滩阙遇友》一篇，就是讲自明朝至今一直盛产丝绸的江苏吴江县盛泽镇上的施复夫妇经营丝绸发家的故事。虽然是小说，人物情节不无虚构，但所述的社会经济情况，确实是以当时当地的丝织生产实际作背景的。

现择选一些文献资料，考量一下江南城镇丝绸交易的繁荣景象以及江南丝绸在国内贸易的地位。

张瀚《松窗梦语》载："东南之利，莫大于罗、绮、绢、纻，而三吴为最。"南京"三服之官，内给尚方，衣履天下，南北商贾争赴"；杭州"桑麻遍野，茧丝绵苎之所出，四方咸取"。

乾隆《吴江县志》载：嘉靖时，吴江盛泽镇居民"以绫绸为业，始称为市"，"四方大贾，辇金至者无虚日。每日中为市，舟楫塞港，街道肩摩，盖其繁华喧盛，实为邑中第一"。

康熙《吴江县志》载："其巧日增，不可殚计，凡邑中所产，皆聚于盛泽镇，天下衣服多赖之。"当时"绫罗纱绸出盛泽镇，奔走衣服天下。富商大贾数千里辇万金而来，摩肩连袂，如一都会矣"。

杭世骏《吴阊钱江会馆记》载："吾杭饶蚕绩之利，织纴工巧，转而之燕，之齐，之秦、晋，之楚、蜀、滇、黔、闽、粤，衣被几遍天下，而尤以吴阊为绣市。"

同治《上江两县志》载：南京绸缎"北趋京师；东北并高句丽、辽沈；西北走晋绛，逾大河，上秦雍、甘凉，抵巴蜀；西南之滇黔；南越五岭、湖湘、豫章、两浙、七闽；沂淮泗，道汝洛。"

图1-6 《盛世滋生图》局部

当时苏州丝绸商业之兴旺景象，在乾隆间徐扬所绘风俗画《盛世滋生图》中得到了充分展示。（图1-6）在此画的画面上，街道商家鳞次栉比，市招林立，其中丝绸业所张市招共十四家，它们分别是：绸缎庄；绵绸；富盛绸行；绸缎袍褂；山东茧绸；震泽绸行；绸庄、濮院宁绸；绵绸老行、湖绉绵绸；山东沂水茧绸发客不误；上用纱缎、绸缎、纱罗、绵绸；进京贡缎、自造八丝、金银纱缎、不误主顾；绸行、缎行、纱行、选置内造八丝贡缎发客，汉府八丝、上贡绸缎；本号拣选、汉府八丝、妆蟒大缎、宫绸茧绸、哔叽羽毛等货发客；本店自制苏杭绸缎纱罗等绵绸梭布发客。从画面上看，这些店铺有零售店家，有批发店家，亦有前店后厂产销相连的店家。门面也是有大有小，大者有二层楼房五间门面，小者也有一、二间门面。从它们各店上述所标示的丝绸名称看，所售丝绸除本地产的绫、罗、绸、缎外，还有远近各地的名产，如濮院镇的院绸、山东沂水的茧绸等，有的店家还卖贡缎、金银纱缎、妆蟒大缎、宫绸等高级织物。

这些资料记载凸显出江南地区丝绸贸易在全国的中心地位。实际上江浙不仅丝绸成品行销全国，所产蚕丝也转卖四方。一些地方名产更是仰仗江浙丝出名，非江浙丝不用，如"流行于外夷，号称利薮"的山西潞州名产潞绸①，所用蚕丝即来自湖州。"金陵苏杭皆不及"的粤纱，亦是因为用吴丝，方得光华、不褪色、不沾尘、皱折易直之佳质，而甲于天下②。色鲜华泽润的粤缎，必吴蚕之丝所织，若广东本土之丝，则黯然无光，色亦不显③。

① 顺治《潞安府志》卷一。
② 乾隆《镇洋县志》卷一。
③ 乾隆《广州府志》卷四八。

第二章
天孙机杼——丝绸技艺

一匹美丽的丝绸，必须要经过育蚕、缫丝、织造、漂练、印染等多道工序才能完成，中国古代丝绸生产的每道工序都有一些值得称道的发明创造。这些发明创造不仅仅是改善了人们生活，还启迪了人们的思维方式，使各种各样的新想法不断涌现，对纺织技术思想的进步影响极为深远。那么中国古代丝绸生产每道工序的技术特色及发明创造点究竟有哪些呢？

1. 桑土既蚕，降丘宅土

《书·禹贡》云："桑土既桑，是降丘宅土。"孔颖达疏："宜桑之土既得桑养蚕矣。"宜桑之土和掌握蚕桑技术是人民安居乐业的重要基础，我国在自商周至清末二千多年的时间里，逐渐地形成和发展出一套行之有效的栽桑技术和养蚕方法。

(1) 栽桑技术

蚕以桑为本，养蚕必先种桑。

早在商周时期，随着养蚕业的迅猛发展，野生桑树就已不能满足需要，开始人工栽桑。周代规定宅地周围须种植桑麻，否则要接受处罚。为保证桑树的正常生长，以确保养蚕季节有足够的桑叶，西周时又制定了保护桑树的措施，严禁滥伐桑柘。当时栽种的桑树有两大类形，一是树型高大的乔木桑，采桑人需架梯或攀登于上采摘；另一种是树型低矮与成人身高相仿的低干桑，采桑人勿需架梯或攀登，站在地上即可采摘。《左传》僖公二十三年所载：晋国公子与其随从"谋于桑下"；

《诗经·郑风·将仲子》所云"无折我树桑",其中的"桑"即乔木桑。《诗经·豳风·七月》"猗彼女桑" 中的"女桑",即低干桑。在故宫博物院所藏公元前5世纪铜器"宴乐射猎采桑纹壶"和"渔猎功战图"上,曾出现采摘乔木桑桑叶的造型。(图2-1)大约在汉代时,树型低矮易于采摘的低干桑得到大面积栽种。其时,无论在南方北方,只要是养蚕地区都可看到这种桑的踪影。

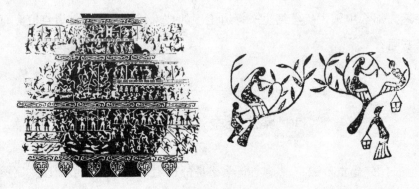

图2-1 战国"宴乐射猎桑铜壶"上妇女采桑图

要使蚕吐出更多的蚕丝,就要养好蚕,而桑叶是家蚕的唯一饲料,养好蚕的前提是必须有优质丰产的桑树品种。中国古代历来重视培育优良桑树品种,南北朝时山东人民培育出一种优良的桑种——鲁桑,古谚云"鲁桑百,丰绵帛",便是言其桑叶质量好,经济价值高。隋唐五代时期,无论是北方还是南方,普遍种植的桑树品种是鲁桑和白桑。因白桑之名始见于唐代文献,不难推测它是继鲁桑之后培育出的又一优良桑种。到明清时,桑农培育出的优良桑树品种已数不胜数,仅清代卫杰《蚕桑萃遍》就记载了二十余种桑树名称。优质桑种的增多,使桑叶单产水平得到了大幅提高。明末《沈氏农书》载:嘉湖地区的桑园,如果一年之中"不荒不蝗,每亩采叶八、九十个,断然必有"。文中所言"个",乃嘉湖地区桑叶的计量单位,一"个"桑叶合20斤,每亩采叶

八、九十个，即为1600～1800斤。

嫁接技术的发明是我国古代农业技术上的一项重大成就。这项技术在宋以前即已出现，宋元时桑农已运用的十分娴熟，出现了多种嫁接方式。《农桑辑要》卷三引《士农必用》中的嫁接内容，凡2000余字，不仅总结了插接、劈接、靥接和搭接4种桑品种间的嫁接方式，而且每种接法都有具体介绍。王祯《农书》更是将嫁接方式概括为六种，即：身接、根接、皮接、枝接、靥接、搭接，几乎包罗了所有的嫁接类型。最值得注意的是《士农必用》还曾尝试从理论上阐释嫁接的作用，而且所说基本上合乎科学道理。

(2) 养蚕、贮茧方法

古代蚕农对诸如蚕室、育种、孵化、饲育、上蔟等影响蚕生长发育及吐丝量的因素以及蚕茧的贮存特别重视，曾总结出许多行之有效方法，现归纳如下：

①蚕室。为保证蚕在成长过程中有一个良好的生长环境，古代对蚕室的修建非常讲究。蚕室应"近川而为之"，以为保证蚕室内空气新鲜；"棘墙而外闭之"，以保证蚕室内温、湿度尽可能不变。蚕室的最佳温度是养蚕人"需著单衣，以为体测。自觉身寒，则蚕必寒，使添熟火；自觉身热，蚕亦必热，约量去火"。

②育种。中国古代各地曾普遍利用杂种优势培育新品种，《天工开物》"乃服·种类"篇记载了两种方法："凡茧色唯黄、白二种，川陕、晋、豫有黄无白，嘉湖有白无黄。若将白雄配黄雌，则其嗣变成褐茧。""今寒家有将早雄配晚雌者，幻出嘉种。"此所谓"早雄"指一化性雄蛾，"晚雌"指二化性雌蛾。"幻"即变化。这两种杂交法，一是吐白丝的雄蛾与吐黄丝的雌蛾交配育成吐褐丝的新种；二是一化性雄蛾与二化性雌蛾交配育成优良的嘉种。这是中国，也是世界上关于家蚕杂交的最早记载。国外家蚕杂交之事，始见于公元18世纪。

③孵化。在自然常温状态下，多化性蚕卵一般七、八天就会自行孵化，如果不人为控制，往往不方便安排农事，造成混乱。中国古代蚕农为控制蚕卵孵化时间，在南北朝时发明了的低温催青法。所谓"低温催青"，顾名思义是利用低温控制蚕种的孵化时间，其技法是将装有蚕卵的瓮，放置于温度较低的泉水中，利用冷泉水降温，将蚕卵孵化时间控制在21天以后。低温催青法既经济又有效，显示出古人巧妙地将自然环境条件运用到生产实践中去的智慧。

④饲育。古人注意到桑、火、寒、暑、燥、湿等外界因素对蚕生长的影响，并刻意营造适宜蚕生长的环境。《农桑辑要•饲蚕总论》曾将养蚕条件归纳总结为：十体、三光、八宜、三稀、五广、杂忌。十体将养蚕要注意的事项概括为十个方面，即寒、热、饥、饱、稀、密、眠、起、紧、慢。其中"寒"指在连宜寒，"热"指下蚁宜热，"饥"指眠后宜饥，"饱"指向食宜饱，"稀"指布之宜稀又不可太稀，"密"指下子宜密又不可太密，"紧"指临眠上簇宜紧饲，"慢"指方起宜大饲；三光则是根据蚕的肌色决定投放饲叶的多少；八宜是根据蚕的不同生长时期，选择不同的明暗光线、冷暖温度、风向风速、饲叶紧慢等八对条件；三稀指下蚁、上箔、入簇时要稀疏；五广即人、桑、屋、箔、簇等五个基本条件要求宽裕；杂忌则将一些会影响蚕生长发育的声音、气味、光线、颜色以及各种不卫生的因素均列于忌禁之列。上述这些对养蚕条件的周密考虑，具有非常重要的实践意义。

⑤上簇。熟蚕上簇时，其身体中的水份约占蚕体重的一半，吐丝过程中这些水分都要散发到簇室中，若不加以排湿，不仅会导致茧质不佳，还会降低缫丝时解舒率。古代簇中排湿普遍采取加温和通风的方式，如嘉、湖地区一般均采用高棚内摆列炭火的方法。高棚便于通风，炭火使室内干燥，温度适宜。在如此温度和通风环境下，茧丝随吐随干，茧质自然较佳，以至宋应星在《天工开物》"乃服•结茧"篇中有这样的评论："豫、蜀等绸，皆易朽烂。若嘉、湖产丝成衣，即入水浣濯

百余度，其质尚存。"

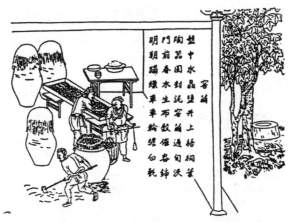

图2-2 南宋楼王璹《耕织图》中窨茧图

⑥贮茧。古代贮茧方法概括起来有三，一为日晒；二为盐浥；三为笼蒸。前两种方法很早即已出现，但较为详细的记载却始见于宋代。其法据陈旉《农书》载："先晒令燥，埋大瓮地上。瓮中先铺以竹簟，次以大桐叶覆之，乃铺茧一重。以十斤为率，掺盐二两。上又以桐叶平铺，如此重重隔之，以至满瓮，然后密盖，以泥封之。七日之后，出而缫之。"（图2-2）

后一种方法出现在元代，其法据《农桑辑要》卷四引《韩氏直说》载："蒸馏之法，用笼二扇，用软草扎一圈，加于釜口。以笼两扇坐于上。其笼不论大小，笼内均铺茧，厚三、四指许。频于茧

图2-3 王祯《农书》中蒸茧图

33

上以手背试之，如手不禁热，可取去底扇，却续添一扇再上。亦不要蒸得过了，过了则软了丝头；亦不要蒸得不及，不及则蛾必乱。"蒸茧比之日晒、盐腌，无损伤茧丝之虑，故王祯《农书》引《农桑直说》云："杀茧法有三：一曰晒，二曰盐浥，三曰笼蒸。笼蒸最好。"（图2-3）不过蒸茧要受气候条件限制，最好在天气晴朗之日进行，因为蚕茧蒸后较湿，须及时晾干，如在连日阴雨天进行，蚕茧有发热丝腐之患。

2. 细圆匀紧，缫丝之诀

蚕丝的主要成分是丝素和丝胶。丝素是近于透明的纤维，即茧丝的主体，丝胶则是包裹在丝素外表的黏性物质。丝素不溶于水，丝胶易溶于水，而且温度越高，溶解度越大。利用丝素和丝胶的这一差异，以分解蚕茧，抽引蚕丝的过程被称为缫丝。

(1) 缫丝工艺

缫丝是一种说来简单，实际却相当繁复的工艺过程，它基本上要经过三道工序：一是将烂茧，霉茧、残茧等不好的茧剔除，并按照茧形、茧色等不同类型分茧的选茧工序；二是使丝胶软化解析蚕茧的煮茧工序；三是挑出丝头，并将丝几根合为一缕引上丝车的缫取工序。

我国幅员辽阔，气候差异很大，兼之南北两地蚕茧品质以及缫工的传统工作习惯不同，南北的缫法略有不同。北方地区一直沿用把茧锅直接放在灶上，随煮随抽丝的"热釜"缫法。大约自宋代起南方发明了一种将煮茧和抽丝分开的"冷盆"缫法。这种方法是将茧放在热水锅中沸煮几分钟后，移入放在热锅旁边的水温较低的"冷盆"中，再进行抽丝。大体上好茧缫水丝，次茧缫火丝。古人曾对热釜、冷盆两种缫丝方式的优劣作过恰当评述。如热釜可缫粗丝单缴者，双缴亦可。但不如冷盆所缫者洁净坚韧，"凡茧多者，宜用此釜，以趋速效"。冷盆"可缫全缴细丝，中等茧可缫下缴"，所缫之丝"比热釜者有精神，又坚韧也"，"丝中上品，锦、绣、缎、罗所由出"。（图2-4）

古人总结出的缫丝质量标准是："细、圆、匀、紧，无褊、慢、节、核，麁恶不匀。"为使缫出的丝达到这个标准，掌控煮茧温度和选用缫丝用水相当关键。

图2-4　王祯《农书》热釜图、冷盆图

煮茧温度一定要适宜。因为温度和浸煮时间不够，丝胶溶解差，丝的表面张力大，抽丝困难，丝缕易断。反之温度过高，丝胶溶解过多，茧丝之间缺乏丝胶黏合，抱合力差，丝条疲软。古人在这方面积累了相当丰富的经验，其中最为大家熟悉的是王祯《农书》所云："蚕家热釜趋缫忙，火候长存蟹眼汤。"言水温不可不热，也不可太热，以在将达沸点为宜，所谓"蟹眼"就是这个意思，即俗话所说的"小开"。这些经验直到今天仍为人们所沿用。

煮茧所用之水，要求用清水或流水，"缫茧以清水为主，泉源清者为上，河流者次之，井水清者亦可"。因为"流水性动，其成丝也光润而鲜；止水性净，其成丝也肥泽而绿"。如果"用水不清，丝即不亮"。名闻全国的七里丝之所以色白丝坚，与当地的水质清澈不无关系，朱国桢《涌幢小品》载："湖丝唯七里尤佳，较常价每两必多一份。""七里"是距南浔七里远的一个小村，清道光《南浔镇志》载："雪荡、穿珠湾，俱在镇南近辑里村，水甚清，取以缫丝，光泽可爱。""辑里"即"七里"，七里村因产丝而闻名，南浔镇丝商为推销该丝，将"七里"雅化为"辑里"，大概是因"七"与"辑"发音相近，而"辑"又有缫织之意的缘故。

(2) 缫丝机具

古代普遍使用的缫丝机具有手摇缫车和脚踏缫车两种形制，但在缫车发明以前的很长一段时间，缫丝时所用的绕丝工具，只是一种平面呈"工"形或"X"形的绕丝架。秦汉以后，成形的手摇缫车才出现。

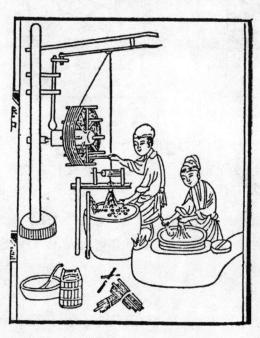

图2-5 清《豳风广义》中手摇缫车

有关手摇缫车具体形制的记载，最早见于秦观《蚕书》。据该书介绍，其结构由灶、锅、钱眼（作用是并合丝缕）、锁星（导丝滑轮，并有消除丝缕上类节的作用）、添梯（使丝分层卷绕在丝框上的横动导丝杆）、丝钩、丝軖（一有辐撑的四边形或六边形木框）等部分组成。缫丝时将茧锅的丝头穿过集绪的"钱眼"，绕过导丝滑轮"锁星"，再通过横动导丝杆

"添梯"和导丝钩，绕在丝軖上。操作手摇缫车须两人合作，一人投茧索绪添绪，一人手摇丝軖。手摇缫车具有结构简单、易于操作的特点，因此即使在脚踏缫车普及后，有些地方仍一直在沿用。（图2-5）

脚踏缫车出现在宋代，是在手摇缫车的基础上发展起来的，它的出现标志着古代缫丝机具的新成就。脚踏缫车结构系由灶、锅、钱眼、缫星、丝钩、軖、曲柄连杆、足踏板等部分配合而成。与手摇缫车相比只是多了脚踏装置，即丝軖通过曲柄连杆和脚踏杆相连，丝軖转动不是用手拨动，而是用脚踏动踏杆做上下往复运动，通过连杆使丝軖曲柄作回转运动，利用丝軖回转时的惯性，使其连续回转，带动整台缫车运动。用脚代替手，使缫丝者可以用两只手来进行索绪、添绪等工作，从而大大提高了缫丝效率。

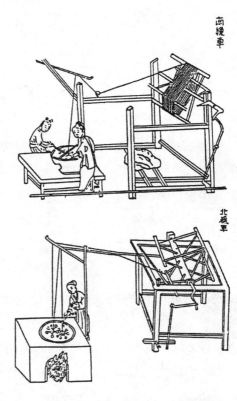

图2-6 王祯《农书》中南北缫车

元代脚踏缫车有南北两种形制，从王祯《农书》所绘南北缫车图来看，它们的差异主要体现在脚踏传动机构的安装方式，南缫车是踏板平放于地，一端通过垂直连杆与轴上的曲柄相连；北缫车的踏杆呈角尺状，较短部分系脚踏处，较长部分的一端通过水平连杆与曲柄相连，这种踏板形式的缫车，缫工可坐着踏。此外北缫车车架较低，机件比较完整，丝的导程较南缫车短，可缫双缴丝，而南缫车只能缫单缫丝。（图2-6）这两种车效率虽高，但缫丝者都是对着丝灶站着操作，劳动强度偏大，对丝軖卷绕情况的观察也不是太好。因此，在明代的时候又出现了一种坐式脚踏缫车，这种车缫丝者是坐于车前，面对丝軖工作，克服了元代缫车的缺陷。

3. 一往一来，匪劳匪疲

养蚕结茧，煮茧缫丝，只是丝绸的原料生产和加工两道工序，丝绸的使用价值和审美价值主要靠一经一纬相互交织的织造工序实现。可以说，中国丝绸之所以载誉世界几千年，而且久盛不衰，都是与高超的丝绸织造技艺分不开的。

在中国古代高超的丝绸织造技艺中，最具代表性的是提花技术和提花机。

根据现在掌握的资料，我国最迟在商代就已出现显花技术。文献记述和出土文物都可以找到这方面的证据，如《帝王世纪》说纣"多发美女，以充倾宫之室，妇女衣绫纨者三百余人"。这里所说的绫就是一种有花纹的丝织品。在河南省安阳侯家庄殷墟墓出土的青铜钺上，曾发现残留的布痕，经分析是在平纹地上起出回纹、菱纹等花纹的丝织品。不过商周的花纹丝织品都是在腰机上手工挖花产品。

真正意义上的提花机出现在春秋战国时期。这是一种靠综片升降控制经线形成花纹图案的多综多蹑织机，其特点是机上有多少综片便有多少脚踏杆与之相应，一蹑（踏板）控制一综。具体综、蹑数量可视花纹繁简而定，文献中见于记载，综、蹑数量最多的是《西京杂记》所载："霍光妻遗淳于衍蒲桃锦二十四匹，散花绫二十五匹，绫出巨鹿陈宝光家。宝光妻传其法，霍显召入其第，使作之。机用一百二十镊，六十日成一匹，匹值万钱。"

　　多综多蹑机的结构与近代四川省成都市双流县沿用的丁桥织机大同小异，不同的可能仅是整体外观尺寸或某些机件尺寸。

　　丁桥织机的名字来自于它脚踏板上的竹钉，这些竹钉状如四川乡下河面上依次排列的一个个过河桥墩"丁桥"，故名。其结构如图2-7所示。据调查，用它可生产出凤眼、潮水、散花、冰梅、缎牙子、大博古、鱼鳞杠金等几十种花纹花边以及五色葵花、水波、万字、龟纹、桂花等十几种花绫、花锦。这些产品纹样宽度一般是横贯全幅，纹样长度不等，但均不超过几厘米。生产时加挂综片和踏杆的数量，视品种花纹复杂程度而定，如生产"五朵梅"花边时，用综32片，用踏杆32根[①]。

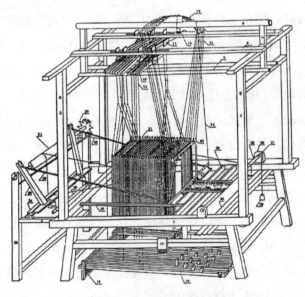

图2-7　丁桥织机结构图

　　多综多蹑织机虽能织出比一般脚踏开口织机复杂得多的花纹织物，

① 胡玉端等：《从丁桥织机看蜀锦织机的发展——关于多综多蹑机的调查报告》，《中国纺织科技史资料》第一集，50~62页。

但仍局限于织造花纹循环数不多的对称型几何纹织物。因此，在东汉时我国古代人民又在这种织机的基础上发明了一种花楼提花机，用于织造花纹循环数大的织物。花楼提花机的最大特点是提花经线不用综片控制，改用线综控制，也就是说有多少根提花经线，就要有多少根线综，而且升降运动相同的线综是束结一起吊挂在花楼之上的。

东汉著名文学家王逸在《机妇赋》中曾对早期花楼束综提花机的形制和操作方法作过生动形象的描述：

"……高楼双峙，下临清池；游鱼衔饵，瀺灂其陂，鹿卢并起，纤缴俱垂，宛若星图，屈伸推移，一往一来，匪劳匪疲。"

其中"高楼双峙，下临清池"是说提花装置花楼的提花束综和综框上弓棚相对峙，挽花工坐在花楼上，口喝手拉，一边按设计的提花纹样来挽提花综，一边俯瞰由万缕光滑明亮的经丝组成的经面，好似"下临清池"一样；"游鱼衔饵，瀺灂其陂"是拿游鱼争食比喻衢线牵拉着的一上一下的衢脚（花机上使经线复位的部件）；"宛若星图，屈伸推移"是指花机运动时，衢线、马头、综框等各机件牵伸不同的经丝，错综曲折，有曲有伸，从侧面看有如汉代的星图；"一往一来，匪劳匪疲"，指的是织工引纬打纬熟练自如。

这种制织复杂纹样的织机，最大特点是靠"花本"储存提花信息。所谓花本，实质上是一个以线编结成的程序存储器，经线提升的程序，全部存储在这些线里面。提花织造时，只要依据编结好的花本，织工便能织出设计好的图案。编结花本是提花技术中最难掌握的技术，必须根据花纹式样，准确地计算纹样大小和各个部位的长度，以及每个纹样范围内的经纬密度和交结情况，不得稍有疏忽，否则，便不能织造出精美逼真的花纹图案。古人有"凡是结花本的工匠，最为心灵手巧"、"天上织女那套纺织技术，人间巧匠都把它掌握了"的赞叹。

宋元时期，花楼提花机的结构已臻完善，并被分化成小花楼提花机和大花楼提花机两种机型。两者的主要差异是：前者可制织各种大型复杂的纹样，后者制织的纹样相对来说则简单一些；前者提花纤线多达2000根以上，后者提花纤线则仅1000根左右；前者因其花本太大只能环绕张悬，后者的花本则只需分片直立悬挂。在整个宋元明清时期，这两种机型一直占据着提花技术的主导地位。

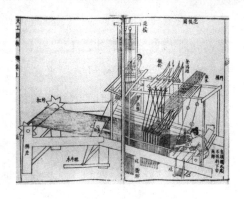

图2-8 《天工开物》中花机图

小花楼提花机的结构，在明代宋应星所著《天工开物》一书中有文图并述。文字大意是：提花机分成两段，通长一丈六尺，机上高起的部分叫花楼，中间托着衢盘，下面垂吊着衢脚。衢脚是用加水磨滑的竹棍制成，共一千八百根。对着花楼的地下挖一个二尺深的坑，用来藏放衢脚。在潮湿的地方，可架二尺高的棚代替。提花的织工半坐半立在花楼木架上。花机后端有一卷丝用的杠（经轴），中部有两根打箱用的叠助木（压木），两叠助木上各垂直穿一长约四尺的木棍，棍尖插入箱的两头。为使叠助木的冲力大，前一段机身水平安放，自花楼朝织工的一段机身则向下倾斜一尺左右。（图2-8）

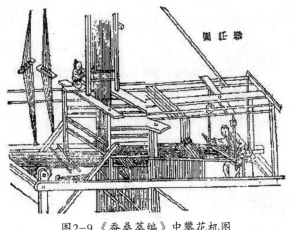

图2-9 《蚕桑萃编》中攀花机图

大花楼提花机的结构，在清代杨屾《豳风广义》、卫杰《蚕桑萃编》和陈作霖《凤麓小志》中都有记载。《蚕桑萃编》中描述的攀花机各部位名称繁多，但归纳起来，其主要机构有排檐机具、机身楼柱机具、花楼柱机具、提花线各物、三架梁各物等名目。杨屾是清代杰出的农学家，是陕西兴平县桑家镇人，他在《豳风广义》中描述的大花楼提花机，是一种流行在陕西等地的提花机型制。而卫杰在《蚕桑萃编》中描述的攀花机，则是流传在江南地区的大花楼提花机。（图2-9）

4. 练丝练帛，彰显本色

丝纤维在缫丝过程中虽会去除一些丝胶和杂质，但不是很彻底，直接用于织造和染色，纤维良好的纺织特性往往不能表现出来，着色牢度和色彩鲜艳度也不是很好，只有经过进一步精练，丝纤维才会呈现出轻盈柔软、润泽光滑、飘逸悬垂、色彩绚丽等优雅的品质和风格。

练丝和练帛，两者就脱胶原理来说是相同的，区别仅表现在工艺条件和操作上。其原因是帛系已织就的织物，与丝绞相比，有一定的紧密度，在精练时，练液不易渗透均匀，需反复浸泡、漂洗，才能彻底脱胶，远较练丝费时、费工。而丝绞由一根根单丝组成，比较松散，练液易渗透，工艺较练帛温和。就成品丝的质量而言，其上残存丝胶过多，不仅影响品质，也不利于以后的染色，但一点丝胶都没有，就不可避免丝纤维在以后的织造过程中因摩擦受损。因此，对于以后勿需染色的丝，练丝时不进行彻底的脱胶，往往还刻意使丝纤维上适当的残留一些丝胶，以起到保护丝纤维的作用。可见采用不同的练丝和练帛工艺是基于一定的工艺要求而定的。古代练丝和练帛采用的方法有水练、灰练、煮练、酶练和捣练等。

(1) 水练和灰练

早在《周礼·考工记》中就有关于丝、帛水练和灰练工艺较丰富而完整的记载。

关于练丝，《考工记·㡛氏》载："涑丝，以涚水沤其丝，七日。去地尺暴之。昼暴诸日，夜宿诸井。七日七夜，是谓水涑。"

涑丝，即练丝。这段文字包含了灰练和水练两种生丝精练的工艺。

其中"以涚水沤其丝，七日。去地尺暴之。"是说灰练。其工艺流程可表示为：

生丝 ——— 浸练 $\xrightarrow{\text{草木灰水浸渍7日}}$ 日光脱水 $\xrightarrow{\text{置于距地面一尺处晒之}}$ 熟丝

"昼暴诸日，夜宿诸井。七日七夜。"是说水练。其工艺流程可表示为：

生丝 ——— 昼晒夜泡 $\xrightarrow{\text{7昼7夜}}$ 晾干 ——— 熟丝

关于练帛，《考工记·㡛氏》载："练帛。以栋为灰，渥淳其帛，实诸泽器，淫之以蜃。清其灰而盝之，而挥之，而沃之，而盝之，而涂之，而宿之，明日沃而盝之。昼暴诸日，夜宿诸井。七日七夜，是谓水涑。"

其工艺流程可表示为：

丝帛 —— 初练 $\xrightarrow{\text{栋木灰、蜃灰浸渍}}$ 水洗 $\xrightarrow{\text{挥之，沃之，盝之}}$ 复练 $\xrightarrow{\text{蜃灰涂之放置一宿}}$ 水洗 $\xrightarrow{\text{沃之，盝之}}$ 昼晒夜泡 $\xrightarrow{\text{7昼7夜}}$ 晾干 ——— 熟帛

《考工记·㡛氏》的记载表明在春秋战国时期，我国工匠就已能根据织品不同用途和质量要求，制定不同的练漂工艺，以获得不同精练程度的熟丝或熟帛。

(2) 捣练

捣练出现在汉代，魏晋以来成为练丝和练帛的主要方式之一。

捣练是在水中进行，在捣的过程中实际上也经过了水练，其优点是容易除去丝帛上的丝胶，缩短精炼时间，精炼出的丝帛手感和光泽亦都俱佳。其工艺要点是：杵捣时既要用力均匀，还要时刻审视丝、帛的生熟程度，否则褶绉处容易捣裂。王建在描述捣练整个过程的《捣衣曲》里就提到这点："月明中庭捣衣石，掩帷下堂来捣帛，妇姑相对神力生，双揎白腕调杵声，高楼敲玉节会成，家家不睡复起听。秋天丁丁复东东，玉钗低昂衣带动，夜深月落冷如刀，湿著一双纤手痛。回偏易裂看生熟，鸳鸯纹成水波曲，重烧熨斗帖两头，与郎裁作迎寒裘。"捣练丝、帛的砧杵，有长短两种，唐代多采用长杵。美国波士顿博物馆现存一幅宋徽宗赵佶临摹的唐人张萱《捣练图》画卷。画中有一长方形石砧，上面放着用细绳捆扎的坯绸，旁边有四个妇女，其中有二个妇女手持木杵，正在捣练，另外两个妇女作辅助状。木杵几乎和人同高，呈细腰形。形象逼真地再现了唐代妇女捣练丝帛的情景以及捣练时所用工具的形制。(图2-10)

图2-10 张萱《捣练图》

　　宋元以来则多采用短杵，由站立执杵改为坐着双手执双杵。从王桢《农书》记载来看，为便于双手握杵，杵长约二、三尺长，且一头粗，一头细，操作时双手各握一杵。这样，既减少了劳动强度，又提高了捣练效率。后世出现的用大槌捶打生丝的"槌丝"工艺和原理，实际上便是受捣练的启发。

(3) 酶练

酶练，顾名思义是用生物酶作练剂，此法出现在唐代。陈藏器《本草拾遗》云：猪胰"又合膏，练缯帛"。猪胰含大量的蛋白酶，而蛋白酶水解后的激化能力较低，专一性强。丝胶对蛋白酶具有不稳定性，易被酶分解，一般在室温条件下就能达到较高脱胶率，且不损伤纤维。宋以后，酶练工艺逐渐成熟，成书于元代的《居家必用》记载了用于练绢帛的胰酶剂制法，云："以猪胰一具，用灰捣成饼，阴干。用时量帛多寡剪用。"文中所言灰当为草木灰，其脱胶、脱脂作用是原于其中含有的大量碳酸钾，它可以膨化胶质，皂化油脂，从而使这两者溶解。而猪胰中则含有多种消化酶，可以分解脂肪、蛋白质和淀粉。草木灰和猪胰合成的胰酶剂，功效毋庸多言，自然较单独用猪胰制成的胰酶剂高出许多。成书于元末明初的《多能鄙事》，不仅有用胰法的记载，还介绍了一种猪胰替代品，云："如无胰，只用瓜蒌，去皮，取瓤剁碎，入汤化开，浸帛尤好。"瓜蒌内含有丰富的蛋白酶，经发酵入练液可得到与猪胰练液相同的效果。现代生物酶制剂工业发展初期，酶来源于动物内脏和高等植物的种子果实，间接证明了元代用瓜蒌替代猪胰练帛的方法确实可行。《天工开物》中记载了一种在酶练中加入乌梅的方法，云："凡帛织就，尤是生丝，煮练方熟。练用稻稿灰入水煮，以猪胰脂陈宿一晚，入汤浣之，宝色烨然。或用乌梅者，宝色略减。凡早丝为经、晚丝为纬者，练熟之时，每十两轻去三两，经纬皆美好早丝，轻化只二两。练后日干张急，以大蚌壳磨使乖钝，通身极力刮过，以成宝色。"值得注意的是文中提及的乌梅和对蚕丝脱胶量的描述。乌梅与前述《多能鄙事》所载"用胰法"中的瓜蒌一样，含有丰富蛋白酶，在精练丝绸时，其蛋白酶可对丝胶蛋白进行催化水解，使生丝脱胶。将它作为练剂使用，说明当时生物酶练剂的种类有所增加。早丝为一化性蚕丝，晚丝为二化性蚕丝，从所述练熟后两者丢失的重量看，前者丝胶含量低于后

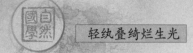

者，练后脱胶程度约在20%～30%间，这大致与现代练丝的练减率相符，说明当时对练减率的掌握是相当准确的。

5. 玄黄朱绿，五彩彰施

中国古代称为织物著色的工艺为"彰施"，并依据著色材料的不同，分为"石染"和"草染"两类。所谓"石染"是使用矿物颜料著色，"草染"则是用植物染料著色。中国古代染色工艺的主流是植物染。

(1) 草染染料

植物染料的染色之术，传说远始于轩辕氏之世。史载：黄帝制定玄冠黄裳，以草木之汁，染成文采。就技术发展历程而言，那时的植物染应该非常原始，尚处于萌芽期。植物染的大发展，技术上的长足进步，是从周代开始的。其时及其后的各个时期的植物染，无论是在染料品种，还是在染色技术上，值得称道之处极多。

古代使用过的植物染料种类很多，单是文献记载的就有数十种，如主要的红色染料便有红花、茜草、苏木等，黄色染料有荩草、栀子、郁金、地黄等，紫色染料有紫草，绿色染料有鼠李，黑色染料有皂斗，蓝色染料则主要是从蓝草叶中提取的靛蓝。限于篇幅，现仅就染红的红花、染蓝的靛蓝简单谈一谈。

红花，又名红蓝草，花冠内含两种色素，其一为含量约占30％的黄色素；其二为含量仅占0.5％左右的红色素，即红花素。其中黄色素溶于水和酸性溶液，无染料价值；含量甚微的红花素则是红花染色的根本之所在，它属弱酸性含酚基的化合物，不溶于水，只溶于碱液，而且一旦遇酸，又复沉淀析出。《齐民要术》曾对民间炮制红花染料的工艺作过详细描述，其内容大意是：先捣烂红花，略使发酵，和水漂洗，以布袋扭绞黄汁，放入草木灰中浸泡一些时间，再加入已发酵之粟饭浆中同浸，然后以布袋扭绞，备染。草木灰为碱性溶液，而发酵的饭浆呈酸性。另外，为使红花染出的色彩更加鲜明，古人还用呈酸性的乌梅水来代替发酵之粟饭浆。由此可见，中国古代染匠虽不了解红花色素的组成和化学属性，但摸索出的提取红花素的工艺方法，却是和上述化学原理完全一致的。

蓝草的品种很多，其草叶中含有靛质（$C_{14}H_{17}NO_6$）。当蓝草在水中浸渍（约一天）后，靛质发酵分解出可溶于水的原靛素，此时的浸出液呈黄绿色。而原靛素在水中生物酶作用下，进一步分解成在植物组织细胞中以糖甙形式存的吲哚酚（吲羟、吲哚醇）。吲哚酚又经空气氧化，生成不溶于水的靛蓝素（$C_{16}H_{10}N_2O_3$）析出。靛蓝是典型的还原染料，有较好的水洗和日晒坚牢度。

在造靛技术未出现以前，用蓝草染色，采用的是鲜蓝草叶发酵法，即将新鲜的蓝草叶采摘下来后，以水浸沤，捣碎，待靛素析出，过滤染液，加入石灰，将织物入染。如需要染深蓝色，则将染过的织物取出晾干，再入染液，再晾干。如此反复浸染织物，以获取所需的色泽。采用这种染蓝实物，在考古发掘中多有发现，如湖南长沙马王堆一号汉墓出土的深浅不同的蓝色纺织品，经分析，大多数都是用靛蓝着色，其中N18号青罗样品所用染料萃取液，用薄层分析法，可以清楚地看到，靛素染料所含的蓝色色斑"靛蓝"和粉红色色斑"靛红"被分离的状况。

制造靛蓝的技术，发明于何时，不见记载，但可以肯定的是，在魏晋时期此技术已相当成熟。北魏贾思勰在其著作《齐民要术》中记载了当时用蓝草制靛的方法："刈蓝倒竖坑中，下水"，用木头或石头镇压蓝草，以使其全部浸于水中。浸渍时间是"热时一宿，冷时再宿"。然后将浸液过滤，置于瓮中，再按1.5%的比例往滤液中加石灰，同时用木棍急速搅动滤液，使溶液中的靛甙和空气中的氧气加快化合，待产生沉淀后，"澄清泻去水"，另选一"小坑贮蓝靛"，再等它水份蒸发到"如强粥"状时，则"蓝靛成矣"。文中不但说出了制靛的方法，而且道出了所用蓝草与石灰的配比。唐宋以来，各个朝代的许多书里对造靛方法也都有所论述，其中最为大家熟悉的是明代宋应星的《天工开物》里所说：造靛时，叶与茎量多时入窖，量少时入桶与缸。用水浸泡七天，蓝汁就出来了。每一石浆液，放入石灰五升，搅打几十下，蓝靛就凝结了。水静止以后，靛就沉积在底上。内容与贾书基本相同，但有些地方更为详细。所述蓝草水浸时间远较前者为多，这主要是为了增加靛蓝的制成率，当然也具备了更多的科学性。

在使用经化学加工的靛蓝染色时，需先将靛蓝入于酸性溶液之中，并加入适量的酒糟，再经一段时间的发酵，即成为染液。染色时将需要染色的织物投入浸染，待染物取出后，经日晒而呈蓝色。其染色机理是酒糟在发酵过程中产生的氢气(还有二氧化碳)可将靛蓝还原为靛白。靛白能溶解于酸性溶液之中，从而使纤维上色。织物既经浸染，出缸后与空气接触一段时间，由于氧化作用，便呈现鲜明的蓝色。这样的制靛和以其染色的工艺过程是有充分科学根据的，与现代人工合成靛蓝的染色机理完全一致。

(2) 草染工艺

古代草染的方式方法多种多样，工艺大致可归纳为复染、套染、媒染和缬染印花四大类。

所谓复染，就是把纺织纤维或已制织成的织物，用同一种染液反复多次着色，使颜色逐渐加深。这是因为植物染料虽能和纤维发生染色反应，但受限于彼此间亲和力的高低，浸染一次只有少量色素复着在纤维上，得色不深，欲得理想浓厚色彩，须反复多次浸染。而且在前后两次浸染之间，取出的纤维织物不能拧水，直接晾干，以便后一次浸染能进一步更多的吸附色素。早在《尔雅》中即有关于复染的记载，谓："一染谓之纁，再染谓之赪，三染谓之纁。"纁是黄赤色，赪是浅红色，纁是绛（深红）色，色泽从浅至深。最为常见的靛蓝染色即为复染。

所谓套染，工艺原理与复染基本相同，也是多次浸染织物，只不过是多次浸入两种或两种以上不同的染液中交替或混合染色，以获取中间色。如染红之后再用蓝色套染就会染成紫色。先以靛蓝染色之后再用黄色染料套染，就会得出绿色。染了黄色以后再以红色套染就会出现橙色。运用套染工艺，可以只选择几种有限的染料，而得到更为广泛的色彩，它的出现使染色色谱得到极大丰富。先秦时期，绿色是最常见的服装流行色彩之一，很多人以身着"绿衣黄里"或"绿衣黄裳"为美。其时染制绿色的方法，很可能采用的就是荩草和靛蓝套染。

媒染是借助某种媒介物质使染料中的色素附着在织物上。在染料中，除栀子、郁金、姜黄等少数几种外，绝大多数都对纤维不具有强烈的上染性，不能直接染色，但这绝大多数染料均含有媒染基团，可用媒染工艺染色。这是因为媒染染料的分子结构与直接染料不同，媒染染料分子上含有一种能和金属离子反应生成络合物的特殊结构，必须经媒染剂处理后，方能在织物上沉淀出不溶性的有色沉淀。媒染染料较之其他染料的上色率、耐光性、耐酸碱性以及上色牢度要好得多，它的染色过程也比其他染法复杂。媒染剂如稍微使用不当，染出的色泽就会大大的偏离原定标准，而且难以改染。必须正确地使用，才能达到目的。古代多用明矾和草木灰作媒染剂。明矾又名白矾，系硫酸钾和硫酸铝的复盐，分子式是$K_2SO_4 \cdot AL_2(SO_4)_3 \cdot 24H_2O$，入水即水解，生成氢氧化铝胶状物，其铝离子能与媒染染料中的配位基团络合。草木灰是蒿草、栎木、山矾等植物的灰烬，现代科学测定，它们的灰烬中含有丰富的铝元素。利用不同的媒染剂后，同一种染料还可染出不同颜色。以茜草、紫草、皂斗为例，这三种染料植物如不用助染剂，茜草只能染黄赤色，紫草基本不能使纤维着色，皂斗只能染灰色。只有加铝盐或铁盐媒染剂后，它们才能分别染出红色、紫色和黑色，可见媒染剂是必不可少的工艺条件。

缬染印花包括夹缬、蜡缬和绞缬，它们的工艺实质都是防染印，即利用"缬"的方法在织物的某些部位防染。如夹缬用木版防染，蜡缬用蜡防染，绞缬用扎缝的方法防染。关于这三种缬染方法的起源时间，在纺织史界得到认可的是：夹缬始于秦汉，绞缬始于东晋。蜡缬的初始时间虽有争论，但不会晚于秦汉。

夹缬实际上是镂空版防染印花，其法是用两块雕镂相同的图案花版，将布帛对折紧紧地夹在两板中间，然后就镂空处涂刷染料或色浆。除去镂空版后，被花版夹住的地方不着色，镂空的部分则显示出对称花纹。古代"夹缬"的名称，可能就是由这种夹持印制的方式而来。夹缬有时也用多块镂空版，著二三种颜色重染。夹缬的方法肇始于秦汉，隋唐以后开始盛行。《唐语林》记载了这样一件事："玄宗时柳婕好有才学，上甚重之。婕好妹适赵氏，性巧慧，因使工镂板为杂花之像，而为夹缬。因婕好生日，献王皇后一匹，上见而赏之。因敕宫中依样制之。当时其样甚秘，后渐出，遍于天下，乃为至贱所服。"说明夹缬印花技术最初被宫廷垄断，玄宗以后才传到民间。宋代时夹缬有了进一步发展，木质花版逐渐被涂有桐油的纸板取代，染液中也开始加入胶粉，以防止染液渗化造成花纹模糊，并增添了印金、描金、贴金等工艺。福州南宋墓出土的纺织品中，就有许多衣袍镶有绚丽多彩、金光闪烁、花纹清晰的夹缬花边制品。

蜡缬，亦称为蜡染。传统的蜡染方法是先把蜜蜡加温熔化，再用三至四寸的竹笔或铜片制成的蜡刀，蘸上蜡液在平整光洁的织物上绘出各种图案。待蜡冷凝后，将织物放在染液中染色，然后用沸水煮去蜡质。这样，有蜡的地方，蜡防止了染液的浸入而未上色，在周围已染色彩的衬托下，呈现出白色花卉图案。由于蜡凝结后的收缩以及织物的绉折，蜡膜上往往会产生许多裂痕，入染后，色料渗入裂缝，成品花纹就出现了一丝丝不规则的色纹，形成蜡染制品独特的装饰效果。关于蜡缬技术的起源时间，有学者认为"汉代的蜡缬工艺技术已经成熟"，但也有学者持不同看法。隋唐时蜡缬技术发展很快，不仅可以缬染丝绸织物，也可以染布匹，颜色除单色散点小花外，还有不少五彩的大花。蜡染制品不仅在全国各地流行，有的还作为珍贵礼品送往国外。日本正仓院就藏有唐代蜡缬数件，其中"蜡缬象纹屏"和"蜡缬羊纹屏"均系经过精工设计和画蜡、点蜡工艺而得，是古代蜡缬中难得的精品。（图2-11）

图2-11 日本正仓院藏象羊蜡缬屏风

　　绞缬，又名撮缬或扎缬，是我国古代民间常用的一种染色方法。绞扎方法归纳起来有两类：一是缝绞或绑扎法，先在待染的织物上预先设计图案，用线沿图案边缘处将织物钉缝、抽紧后，撮取图案所在部位的织物，再用线结扎成各种式样的小绞。浸染后，将线拆去，扎结部位因染料没有渗进或渗进不充分，就呈现出着色不充分的花纹。二是打结或折叠法，将织物有规律或无规律的打结或折叠后，再放入染液浸染，依靠结扣或叠印进行防染。绞缬花样色调柔和，花样的边缘由于受到染液的浸润，很自然地形成从深到浅的色晕，使织物看起来层次丰富，具有晕渲烂漫、变幻迷离的艺术效果。这种色晕效果是其它著色方法难以达

51

图2-12 新疆出土的唐代
绞缬四瓣花罗

到的。关于绞缬的出现时间，现根据魏晋时绞缬技术已十分成熟的情况推测，它很可能在汉代就已出现，而且"缬"之名亦是由绞缬而来，《广韵》释缬为"结也"。魏晋以来，绞缬品深受人们的喜爱，很多妇女都将它作为日常服装材料穿用，其风行之盛在文献资料中得到翔实反映。陶潜《搜神后记》中记述了这样一件事：一个年青的贵族妇女身着"紫缬襦（上衣）青裙"，远看就好像梅花斑斑的鹿一样美丽。显然，这个妇女穿的衣服是有"鹿胎缬"花纹的绞缬。在唐代的三彩陶俑以及敦煌千佛洞唐朝壁画上，都有身穿文献所记民间妇女流行服饰"青碧缬"的妇女造型。（图2-12）元明时，绞缬仍是流行之物，元代通俗读物《碎金》一书中记载有檀缬、蜀缬、锦缬等多种绞缬制品。

6. 黼黻文章，参同品色

中国丝绸，集美学与文化内涵于一身，体现了中华民族的审美观念及情趣，是实用功能和装饰功能结合的典范。从种类繁多的丝绸品种以及那些变幻无穷、淳朴浑厚的各类丝绸纹样里，我们可以看出各个时代的工艺技术水平和中华民族一脉相承的文化传统。

(1) 丝绸纹样

纹样作为一种具体器物的装饰图案，具有鲜明的时代特征，因为不同时期的纹样各自代表了当时人们的审美情趣和价值取向，所以不可避免的被烙上时代文化的印记。考古出土的历代纺织品遗存证实，丝绸纹样也不例外，在选题、表现手法和艺术风格上，各个历史时期都有着不同的特点。

商周时期的丝绸纹样大多是简约古朴的几何纹，如河南安阳出土的铜戈和故宫博物院收藏的玉刀，外面所裹丝绸的纹样便是典型的斜纹菱形几何图案。这个时期出现的章服之制及十二章纹样，传承中国几千年。何谓章服之制？简言之，就是人的服饰冠履须与人的身份相契合。上自帝王后妃，下及百官命妇，以至平民百姓，服饰形制各有等差，应按尊卑贵贱穿用服饰，不得僭越。十二章纹样则是帝王衣裳礼服上绘绣的12种图案，依次为日、月、星辰、山、龙、华虫、宗彝、藻、火、粉米、黼、黻。前六章用于衣，后六章用于裳。（图2-13）

日　　月　　宗彝　　藻

星辰　　山　　火　　粉米

龙　　华虫　　黼　　黻

图2-13 十二章纹样

秦汉时期，随着丝绸织造工艺技术水平的提高，在几何纹基础上出现了云气纹、鸟兽纹、虫卉纹等一些或写实，或写意，生动流畅，具有质朴粗犷风格的纹样。长沙马王堆汉墓出土的对鸟花卉菱纹绮，其纹样图案中，几何纹、云雷纹、植物花草纹和变形动物对鸟纹等多种纹样相互交替分布。（图2-14）同墓出土的游豹锦，整体造型极富特色，布局疏密适度，纹样图中可看到方块、圆点、小石、荆草等形象组成小山丘图案，体健有力的游豹置身其中，或飞跃腾空，或回首远眺，给人以跃然欲出的效果。

图2-14 长沙马王堆汉墓出土的对鸟花卉菱纹绮纹样

魏、晋、南北朝时期，尽管社会长期动荡不安，但此时中国与西亚的文化和贸易交流却极为频繁。这时期的丝绸纹样在这特定的社会背景下，受两个因素的影响，发生了一些变化。其中一个因素是各种宗教的广泛传播，许多被赋予宗教含义的纹样题材大量出现在丝绸上，如四季常青不枯的忍冬草、纯洁的莲荷、吉祥的玉鸟、飞天的仙人等。另一个因素是受外来风格的影响。此时的波斯，正处在强盛的萨珊王朝时期，他们的染织物、金属工艺品的纹饰，极爱采用联珠团窠纹、树下双对鸟或双对兽纹等，中国受其影响，加入中国元素的类似纹样开始多起来。新疆吐鲁番阿斯塔那墓曾出土过一块联珠双孔雀贵字文锦，该锦是用橙黄、深蓝、绿、白四色丝线制织的平纹经锦。其环带为波斯萨珊式，内有孔雀、花卉、云纹，两环带用"贵"字衔接。（图2-15）

图2-15 新疆吐鲁番阿斯塔那墓出土联珠双孔雀贵字文锦

　　隋唐时期的丝绸纹样，经南北朝对外域纹样的吸收与融合，一些诸如缠枝纹、宝相花、卷草纹、忍冬纹以及写生团花等植物花纹大为流行，形成了以植物纹样为主体的纹样新体系。此时的缠枝纹、宝相花不仅在内容上突破了佛教的主题，还大量吸收世俗的装饰题材，如石榴、葡萄、牡丹、童子、瑞鹿、瑞兽、玉鸟等吉祥美好的物象特点，使纹样画面增添了美感和喜人的情趣。有学者将唐代的丝绸纹样特征概括为："丰、肥、浓、艳"四个字[①]。丰，即丰富。表现为题材、构图形式和表现手法的多样性。肥，即肥硕、饱满。唐人艺术造型尚肥硕，不仅仕女形象丰满，其它纹饰也是如是。如仅就植物纹样而言，其意义不但指单朵花，还包括由许多花草密集组合而成的大团花。浓，即浓郁。表现为不单调、不乏味，极富艺术感染力。艳，即艳丽。表现为善于运用对比色，使纹样呈现出色

――――――――――――
① 缪良云：《中国历代丝绸纹样》，纺织工业出版社，1988年。

彩纯、明度高、彩度明艳的效果。新疆吐鲁番阿斯塔那墓曾出土过一块花鸟纹锦，其上纹样以花朵、花苞、叶、枝组成的茂密宝相花团为中心，以各种禽鸟、行云、折枝花环绕四周。整个纹样构图繁缛，配色华丽，反映出唐代丝绸植物纹样的典型风貌。（图2-16）

图2-16 新疆吐鲁番阿斯塔那墓出土花鸟纹锦

宋代的丝绸纹样受当时画院写实风格的影响，崇尚清淡自然、端庄秀丽、温和静谧的美感。其时的写实花派的纹样，史称"生色花"，即写生式的折枝。比照唐代纹样，这种折枝花纹样有三点不同：一是花型简约，远不像唐代写生团花那样繁复，它删繁就简，概括和省略了细节，仅保留了花枝和花叶的生态特征及生动姿态；二是纹样布局有了变化，摈弃了唐代写生团花散点对称形式的层层组合或簇花组合，而尽量让折枝按本身生长规律自由穿插，呈现花中套花、叶中套花，浑然一体的写实风格。1975年福建福州南宋黄昇墓中出土的花罗，纹样即是这种生色花。三是颜色淡雅，唐代常用的朱红、鲜蓝、桔黄等鲜艳色彩已不再流行，代之以茶色、褐色、棕色、藕色等间色或复色为基调，配上白色，极为淡雅。

明清两代的丝绸纹样，兼收唐宋纹样特色，同时更趋于写实和富于韵律感。其时由于织造工艺和染色工艺的完善，纹样题材增加了很多，相互借用和结合的理想化的手法也更为广泛多变。如常见的动物图案有狮子、孔雀、蝙蝠、鹿、鹭鸶、羊、鹤、鹰、锦鸡等。花卉果实图案有梅花、荷花、菊花、牡丹花、兰花、牵牛花、竹子、松树、灵芝、桃、石榴、枇杷、梨、杏、葡萄等。组合图案有禽鸟与花卉组合、昆虫与花卉组合等。此外，这个时期还出现了一些装饰性很强的大折枝纹、在自然纹样下镶嵌的密集几何纹和按成品规格或要求加以设计的一树梅、一丛兰、整枝牡丹等纹样。

纵观中国丝绸纹样的演变进程，不难看出，其实质就是人们追求美、拓宽美和深化美的过程。它具有深厚的文化底蕴和丰富内涵，反映了当时人们的思想观念、等级观念、宗教信仰、生活习俗和审美情趣等。我们在了解和鉴赏历代丝绸纹样时，应注意的是不要只停留于表面的感知，而要对隐含其中的历史文化内容、观念形态的象征意义以及人文精神予以体认和把握。

(2) 丝绸品种

中国古代丝织物种类繁多，由于织造工艺不同，每个种类各有不同的结构和特点。古代最具代表性的几大种类有绢、罗、绫、缎、锦、绒、缂丝等10多类，而每一大类中又有许多品种。

绢类

丝绸中凡是采用平纹组织的素织品，如纱、縠、绸、素、缣、纨、缟、练都可归为绢类。这些平纹组织的素织品之所以有不同的称谓，皆是因为经纬丝粗细、密度、捻度的差异，或者是否经过练染。下面以纱、縠、绸、纨为例做些介绍。

纱，古时亦写作沙，它的丝线非常纤细，经纬密度很小，相当轻薄，《礼记》所云"周王后、夫人服以白纱縠为里，谓之素沙"，就是取其幅面稀疏能露沙之意。汉代有素纱、方孔纱等纱品种名称。马王堆一号汉墓曾出土过一件表长128厘米，通袖长190厘米，重49克，用极细长丝织成的平纹素纱襌衣。（图2-17）

图2-17 马王堆一号汉墓出土素纱襌衣

此件薄若蝉翼的纱衣，可叠成普通邮票大小，其织作之精细，令人惊叹。宋代时，亳州所出轻容纱在全国最为有名，陆游在《老学庵笔记》中形容它"举之若无，裁以为衣，真若烟雾"。

縠，表面有绉纹的纱，相当于现代的绉类织物。这种丝织品表面之所以能生成绉纹，与所用纱线的捻度密不可分。它先由加强捻的生丝织成，再经漂练处理，使加强捻的丝线在其内应力作用下退捻、收缩、弯曲、在织物表面形成绉折状。战国诗人宋玉曾在《神女赋》中以山间袅袅云雾，比喻神女身穿的縠衣，云："动雾縠以徐步"。可见縠的轻、薄、绉，能使穿着的女子增加一种神秘朦胧的美。

绸，一般也是泛指丝织品，但其本意为"紬"，《说文》称："紬，大丝缯也。""抽引精茧绪纺而织之曰紬。"专指以粗丝织成的质地紧密、手感柔软的大幅平纹丝织物。古代著名品种有南京产的宁绸、杭州产的杭绸、湖州产的湖绸、潞州产的潞绸、温州产的瓯绸等。

纨，表面细腻而有光泽的丝织物。《说文》对纨的类别描述是："纨，素也。从系、丸声，谓白致缯，今之细绢也。"《释名》对纨的风格描述是："纨，焕也，细泽有光，焕然也。"纨的组织结构紧密，表面光润如冰，所以纨常常也被称作冰纨。湖北擂鼓墩战国墓出土的纨，经丝密度为每厘米100根，为纱的5倍。在古籍里，纨还常常与素同时出现，说明它们均系经过熟练的丝织物。纨的美丽华贵曾衍生出一些形容美的词组，如形容女子美貌的"纨质"，形容富家子弟衣着华美的"纨袴"。

纱罗类

纱罗类丝织物是指采用纱罗组织制织，这种组织系由地、绞两个系统经纱与一个系统纬纱构成经纱相互扭绞的织物组织。纱罗织物上经纱相互扭绞形成的眼孔称绞纱孔。织物表面绞纱孔分布均匀不显条状的称纱组织。绞纱孔沿经向或纬向排列者称罗组织。纱与罗织物表面的绞纱孔略有差异，一般来说，方孔曰纱，椒孔曰罗。由于纱罗类丝织品质地轻薄，通风透气性好，特别适宜做内衣和夏服，自春秋战国起就已成为丝织物一大种类。

纱可分为素织和花织两类。以一根绞经一根地经相间排列，每梭起绞素织的，既可成为方孔纱，又可称为单丝罗，王建《织锦曲》中所云"宫中犹着单丝罗"，当即指此。以绞组织和平纹、斜纹、缎纹等组织互为花地的成为花织，古代主要品种类型有：亮地纱、实地纱、浮花纱、香云纱等，其中亮地纱亦被称为二经绞罗，织物地部为二经绞组织，花部为平纹组织，具有地亮花暗的效果。因此，也有人指此为宋代文献上的"暗花纱"。

罗虽也分素织和花织两类，但就古代罗织物的基础组织而言，实为四经绞罗和二经绞罗(图2-18)两大类。前者又称链式罗，最早出现在商代，汉唐时期生产达到鼎盛，多半用四根经线为一组织造，没有筘路。后者多半用二根经线为一组织造，显现筘路。由于通体扭绞的罗织造时不用筘，工艺较复杂，产量也较低，元以后逐渐消失。不通体扭绞的罗却因织作方法比较简便，生产效率较高，售价便宜，在明清时期大为流行。在长沙马王堆一号汉墓出土的大量花素纱罗织品中，便有这种久已失传的四经绞花罗。

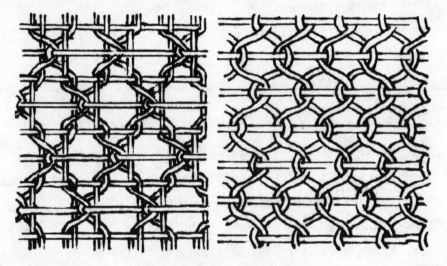

图2-18 四经绞罗和二经绞罗结构图

缎类

缎是以缎纹为基础组织的各种花、素织物的统称。新疆盐湖唐墓曾出土三块烟色牡丹花纹绫，经分析，其织物组织是以二上一下斜纹作地，六枚变纹起花，证明唐代始有缎类织物。宋元以来，随着五枚缎、八枚缎和各种变则缎纹的普遍应用，缎逐渐发展成为和罗、锦、绫、纱等织物并列的丝织物大类。

缎纹组织是在斜纹组织的基础上发展起来的，它的组织特点是相邻两根经纱或纬纱上的单独组织点均匀分布，且不相连续。因单独组织点常被相邻经纱或纬纱的浮长线所遮盖，所以织物表面平滑匀整，富有光泽，花纹具有较强的立体感，最适宜织造复杂颜色的纹样。缎纹组织的这些特点与多彩的织锦技术相结合，成为丝织品中最华丽的"锦缎"。宋朝张元晏对一件缎制服装有过生动描述："雀鸟纹价重，龟甲画样新，纤华不让于齐纨，轻楚能均于鲁缟，掩新蒲之秀色，夺寒兔之秋毫。"很能反映缎织物的特点和它的可贵之处。

宋、元、明、清时期，缎的名目繁多，其中有以产地命名的，如京缎、广缎、川缎等；有以纹样命名的，如云缎、蟒缎、龙缎等；有以所用缎组织之形式命名的，如五丝、六丝、七丝、八丝等。所谓五丝是指五枚缎，八丝是八枚缎，依次类推。还有以织物表面特征命名的，如暗花缎、妆花缎、素缎等。元代时福建泉州生产的缎，质量颇佳，当时来我国访问的伊本巴都在他《伊本巴都游记》中有这样的记述："刺桐地极扼要，出产绿缎，其产品较汗沙（杭州）及汗八里（北京）二城所产者为优。公元1342年（元代至正二年）中国皇帝派遣使臣到印度，赠其国王绸缎五百匹，其中有百匹来自刺桐城。"文中提到的刺桐，便是我国福建省泉州的别称。因五代重筑泉州城时，在城周围环植刺桐树，故而得名。元代时曾在我国许多地方游览的意大利人马可波罗，在其《马可波罗行记》中也有类似的记载，云："泉州缎在中世纪时著名。"

绫类

绫是斜纹地起斜纹花的丝织物。因绫织品表面则多呈山形斜纹或正反斜纹，所以《释名》有"绫，凌也，其纹望之如冰凌之理也"的说法。冰凌的纹理与山形斜纹相似，富有光泽，以它来形容绫的风格特点极为贴切，故汉代以前也把绫叫做"冰"。汉代的绫织物已十分精美，是当时价格最昂贵的丝织品之一。三国时，由于马均改革简化了绫织机，绫织物的产量开始大幅度提高。唐代是绫生产的高峰时期，统治者不仅在官营织染署中设有专门用来生产绫织物的"绫作"，还规定不同等级的官员服装要用不同颜色、不同纹样的绫来制作。唐代的绫织物品种见于文献的有缭绫、独窠、双丝、熟线、鸟头、马眼、鱼口、蛇皮等名目。宋以后，绫除了用于服装外，开始大量用于书画、经卷的装裱。

如果依精美、贵重给各类丝织品排位，绫仅次于锦排在第二位。绫虽然系斜纹织物，但它又不同于一般的斜纹织物，它的光泽和手感在唐以前的织品中是最为上乘和独树一帜的。作为织物来说，其在织品中的地位，即是基之于其自身织作风格和特点。绫对于供其制织的蚕丝的利用，相当成功。无论其为素织或为花织，均能充分地体现蚕丝优良的特性，使织品具有不同于其它织品的良好织作效果。如其素织物，精整滑柔、光影炫烨，极易使人产生清新明净之感；如其提花织物，纹样花地分明，跃然欲出，具有良好的清晰度和立体效果。历代常有人从其整体织造效果衡量评价绫。《艺文类聚》卷八五引梁元帝即位前《谢东宫赍辟邪子锦白褊等启》里就有这样的内容，谓："江波可濯，岂藉成都之水，登高为艳，取映凤皇之文。至如鲜洁齐纨，声高赵縠。色方蓝浦，光譬灵山。试以照花，含银烛之状，将持比月，乱含璧之晖。"所谓的白褊，当即白编绫。这一段话前四句是以蜀锦和石赵之锦比拟辟邪锦和白编的花纹（古代谓提花绫亦为锦）。其后则是形容白编的风格，即以齐纨、蓝浦，形容其外观，意谓它的色彩堪与玉比伦，异常白净而又柔和雅致，可以羞花。以灵山形容其光泽，意谓其光泽与佛山的灵光相似，可与朗月争辉，非一般的绢帛所能媲美。

锦类

锦是采用联合组织或复杂组织制织的重经或重纬的多彩提花丝织

62

物。古人有"锦，金也。作之用功重，其价如金，故惟尊者得服之"的说法，意思是织锦工艺复杂，费工费时，其价值相当于黄金，只有地位尊贵的人才能穿。另外，"锦"字由"金"和"帛"组合而成，也说明它是最贵重的纺织品。锦的出现对纺织机械、织物组织甚至整体纺织技术的发展，影响极为深远。中国古代三大名锦——云锦、蜀锦和宋锦，集中国丝织技艺之大成，代表了中国织锦技艺最杰出的成就。

云锦是南京生产的特色织锦，它始于元代，成熟于明代，发展于清代。云锦最初只在南京官办织造局中生产，其产品也仅用于宫廷的服饰或赏赐，并没有"云锦"这个名称。晚清后始有商品生产以来，行业中才根据其用料考究，花纹绚丽多彩，尤似天空云雾等特点，称其为"云锦"或"南京云锦"。云锦有妆花、库锦、库缎三大类产品。其中的妆花，是云锦中织造工艺最为复杂的品种，也是云锦中最具代表性的产品。它的品种有"妆花缎""妆花罗""妆花纱""妆花锦"等。其织物组织有"五枚缎""七枚缎"

图2-19 清代云龙织金妆花缎

"八枚缎"之分；花纹单位有"八则""四则""三则""二则""一则"之别。妆花由于采用挖花盘织工艺，彩纬配色非常自由，有时为使织物上的纹饰呈现生动优美、富丽堂皇的艺术效果，花纹配色可多至二三十种颜色。（图2-19）

蜀锦是古代四川成都周围一带所产特色织锦，以织物质地厚重，织纹精细匀实，图案取材广泛，纹样古雅，色彩绚烂，浓淡合宜，对比强烈，极具地方特色著称。因成都古称蜀，故名。史载蜀地产锦是战国以前，汉代名闻全国。三国时诸葛亮从蜀国整体战略出发，把蜀锦生产作为统一战争的主要军费来源，并颁布法令说："今民贫国虚，决敌之资唯仰锦耳"，使蜀锦产量大增，并远销各地。成都当时还为工匠建立了锦官城，把作坊和工匠集中在一起管理。成都的别名"锦城"就是这样来的。而环绕成都的岷江，又名"锦江"，则是源于左思《蜀都赋》："伎巧之家，百室离房，机杼相和，贝锦斐成，濯色江波"。隋唐时期，蜀锦的织造技艺达到了新的高度，其时无论是花色品种，还是图案色彩都有新的发展，并以写实、生动的花鸟图案为主的装饰题材和装饰图案，形成绚丽而生动的时代风格。

宋锦产于以苏州、杭州为中心的江南一带。由于其花纹图案主要继承唐和唐以前的传统纹样，故又被称为"仿古宋锦"。相传在宋高宗南渡后，为满足当时宫廷服装和书画装饰的需要，在苏州设立织造署而开始生产的，至南宋末年时已有紫鸾鹊锦、青楼台锦等40多个品种。明清时期苏州宋锦生产最盛，其宫廷织造和民间丝织产销两旺，素有"东北半城，万户机声"之称。宋锦的品种有重锦、细锦、匣锦和小锦四大类，各有不同的风格和用途。其中重锦是宋锦中最贵重的一种。它质地厚重精致，花色层次丰富。特点是多使用金银线，并采用多股丝线合股的长抛梭、短抛梭和局部抛梭的织造工艺。常用图案有植物花卉纹、龟背纹、盘绦纹、八宝纹等，产品主要用于各类陈设品。

除上述三大名锦外，以壮锦、黎锦、土家锦为代表的一些少数民族地区生产的特色织锦，在历史上也颇具影响。这些特色织锦在上千年的历史发展中，充分体现出实用性、艺术性和手工性的完美结合，是少数民族纺织技艺的奇葩。

壮锦是壮族人民生产的一种精美织锦。史载，早在唐代，桂林地区的壮族已能生产比较精美的壮锦。明代时，壮锦进入中国名锦的行列，一种有龙凤等花纹图案的壮锦成为当地重要的贡品。壮锦织造技艺的特色主要表现在两个方面：一是其所用织机和制织工艺。壮锦的织机是一种竹木结构的织机，由于它的开口提花机构形似用竹编成的猪笼，所以又称为猪笼机，其最大特点是用花笼起花。二是其具有浓郁地方特色和鲜明民族风格的纹样图案。壮锦艺人善于把壮族人民居住地的壮丽山河以及花卉、果实、鸟兽、虫鱼等动植物进行艺术加工提炼，根据各种壮锦品种的形式和需要，创作成美丽大方的壮锦花纹图案。仅以广西为例，据不完全统计，至今仍流传的壮锦传统纹样图案就有水纹、云纹、菊花、莲花、桂花、茶花、石榴夹牡丹、万字夹梅、团龙飞凤、蝴蝶朝花、凤穿牡丹、鲤鱼跳龙门等二十多种，题材和内容都相当广泛。

土家锦是土家族人民生产的一种精美织锦。其纹样题材，大多取材于土家族居住地的动物、植物、天象、生产用品和生活用品等，显得朴实大方，具有浓郁的民族风格和地方特色。这些纹样题材，经过土家锦艺人的大胆提炼、取舍、夸张、变化等艺术手法的处理后，摆脱了自然生态的束缚，产生了追求强烈的形式美，具有土家族独特风格和地方特色的艺术美感。历史上的土家锦，以湖南省湘西地区生产最为著名。其地代表性产品是"西兰卡普"，土家语中"西兰"是被面，"卡普"是花，"西兰卡普"即提花被面。关于这个名称还有个动人的传说，内容大意是：在很久以前，有一位心灵手巧叫西兰的土家姑娘，特别会织布。她织出的花布，绚丽多彩，连山上的蜜蜂，也以为是真的花草被吸引过来。后来，西兰姑娘因寻求一朵含苞待放的白果花而遇难死去。土家人为了纪念她，就把她织的"土家锦"，取名为"西兰卡普"。

黎锦是黎族人民生产的一种精美织锦。至迟在战国时，海南岛上的黎族已能织造黎锦。秦汉两代，海南岛黎族纺织业有了较大的发展，这时的黎锦可能有棉织品、麻织品、丝织品以及由两种或三种纤维交织而成的品种，一些产品还被朝廷列为征调织品。宋元以来，黎锦除了用来做衣服外，还用来做床上用品和其它生活用品，有许多黎锦品种驰名国内，其中被黎族人称之为"大被"、史书上称之为"崖州被"的"龙被"，最能代表黎锦技艺水平。它集黎族人民纺织、印染、刺绣、织造等多种技艺于一体，制作精巧、图案精美、色彩艳丽，曾是海南地区著名的贡品。

缂丝

缂丝在古代最初叫织成，后来因其表面花纹和地纹的连接处有明显像刀刻一般的断痕，自宋代起又叫刻丝、剋丝、克丝。它实际上是一种以蚕丝为经线，各色熟丝为纬线，用结织技术织作的一种高级显花织物。

根据现有的材料看，缂丝的发展大致可以分为三个阶段。

第一阶段，两汉时期。缂丝在两汉时就已经普遍引起人们的重视，成为制作比较讲究的衣物原料。当时除了民间织作之外，还有专门的官营机构织作此类织物，用于缝制官员祭祀天地和参加其它重要典礼的礼服。对于缂丝来说，这个时期基本上是它的早期阶段。

第二阶段，自晋至唐，缂丝的进一步发展时期。这个时期生产的缂丝，织造日渐精细，在织物中的地位也大为提高。我们知道，汉代的章服是最重刺绣的。缂丝在汉代虽然已经比较珍贵，却不能与刺绣相比，所以汉帝的衮衣皆为文绣，而公侯以下的衮衣始用织成。这个时期的缂丝，不但不逊于刺绣，甚至还凌而上之。最典型的变化是自南北朝起，皇帝的衮衣竟渐渐地改用织成，而把刺绣降为侍臣之服。同时，在其它需要用织物显示尊贵的地方，也一律以织成充任。唐代张怀瓘著《二王书录》说：南北朝和唐代内府均曾收藏许多二王法书，超等的俱用织成装裱，其次的始用锦装裱。

第三阶段，宋以后缂丝高度发展和成熟时期。宋以后缂丝的主要发展是技术上的成就，表现为不论在造型技术上或织作技术上，都达到完全成熟的程度。同时，也是自宋代起，在制作的原则上，起了一个很大的变化。唐以前的缂丝只是单纯供统治阶层服用的织物。自北宋起，缂丝逐渐脱离了它的实用属性，变成纯艺术品。宋、元，明、清四代出现了许多具有熟练技术的缂丝名匠，其中最为著名的有南宋的朱克柔、沈子番、吴煦，明代的朱良栋、吴圻等。他们以名人书画为摹本，织造出不少传世佳作。如朱克柔有《莲塘乳鸭图》《山茶》《牡丹》等，其作品特点是手法细腻，运丝流畅，配色柔和，晕渲效果好，立体感强。沈子番有《青碧山水》《花鸟》《山水》《梅花寒鹊》，其作品特点是手法刚劲，花枝挺秀，色彩浓淡相宜。（图2-20）这些名家之作，不但可与所仿名人书画一争长短，有的艺术水平和价值甚至远远的超过了原作，对后世影响很大。

图2-20 南宋沈子番缂丝《梅花寒鹊》

刺绣

　　刺绣，俗称"绣花"，是用针引彩线，按设计图案和色彩，在织物上刺缀运针，以缝迹构成花纹的装饰织物。由于刺绣在艺术表现上不受织造技术的限制，所以构图和风格显得生动流畅，惟妙惟肖。刺绣的起源，可追溯到商周时代，但它的针法成熟是在春秋以后。唐宋时期是刺绣发展的一个高峰时期，各种针法，差不多都是在此期间出现的。明清是刺绣发展的鼎盛时期，其时宫廷绣作和民间绣坊规模和数量均有所增加，众多的城乡妇女也把刺绣作为必学的技能之一，而且商品绣形成了各具特色的地方体系，现被称为四大名绣的苏绣、粤绣、蜀绣、湘绣，即是在这个时期先后出现的。

苏绣的针法特点是：运针平匀烫贴，有套针、抢针、打子、拉梭子、盘金等多种针法，以套针为主。绣制时要求绣线套结不露生硬痕迹，常用几种深浅不同的同一颜色的色线或邻近色的色线相配，套绣出晕染自如的色彩效果。其风格特点是：构图紧密，图案秀丽，色调典雅，形象传神，绣面厚密，微微突起，有浮雕感，富装饰性。其绣品种类可分为两大类：一类是包括服饰品、床上用品、佩饰品在内的实用品；另一类是以名人书画为稿本，不计工本，精工绣制的诸如挂轴、屏风、台屏等欣赏品。

粤绣于明中后期形成。其特点可概括为：①用线种类繁多，除用丝线、绒线外，还有用其它动物毛作线的；②用色明快，对比强烈，喜用金线作花纹轮廓线；③装饰花纹繁缛丰满，富于热闹欢快气氛，常以民间喜爱的百鸟朝凤、孔雀开屏、三羊开泰、龙飞凤舞等为题材；④绣面绒丝紧密，留有水路，在几大绣品中针脚最为齐整；⑤主要针法为擞和针、套针和施毛针；⑥绣工多为男工，为其它地区所罕见。粤绣品类极多，实用品有被面、枕套、鞋帽巾、台帷、绣服等；欣赏品有条幅、挂屏、台屏等。

蜀绣历史悠久，晋代常璩《华阳国志》载，三国时蜀中刺绣就已与蜀锦齐名，被誉为蜀中之宝。这之后，蜀绣深受地方环境、风俗习惯、文化方面的影响，逐步形成构图疏朗，花清地白，颇具古朴之风的特色。明清时期，蜀绣在传统技艺的基础上吸收了顾绣和苏绣的长处，发展成闻名全国的商品绣品种。蜀绣面料大多采用绸、缎、绢、纱、绉等织物。绣法以套针为主，同时结合采用斜滚针、旋流针、参针、编织针等针法。绣品除少量供欣赏外，多为衣裙、花边、被面、枕套、幔帐、鞋帽等物。

湘绣最初只是地方民间刺绣，清代时在吸收了苏绣和粤绣的优点后，其针法和艺术上才臻于成熟。徐崇之《沪渎羁居记》载："长沙光绪末年，湘绣盛行，超越苏绣，已不沿顾绣之名。法在改蓝本、染色丝，非复故步矣。""改蓝本"是指以中国画为基础的绣稿，取代过去以传统图案为基础的绣稿；"染色丝"是指尽可能多的选用不同颜色的绣线。湘绣的配色特点是以深浅灰及黑白为主，素雅如水墨画。主要针法是掺针，这是一种针脚可便于不同色阶的绣线互相掺和，可以表现物象的立体形态和渐变色彩效果的针法。

第三章
以文化之——丝绸文化

　　《现代汉语词典》将"文化"定义为："人类在社会历史发展过程中所创造的物质财富和精神财富的总和。"丝绸文化当然也兼有物质和精神两重性，它既对人们的物质生活起着极为重要的作用，又是人文精神的集中体现。其特点至少有五性：一、久远性，源远流长；二、实用性，与人民生活密切相关；三、技术性，科学技术含量高；四、艺术性，极佳的审美意境；五、广博性，影响范围广。有学者将其概括为八个字，即技术、器物、习俗、文学[①]。技术指丝绸的生产工艺和机具；器物指有质、有型、有彩、有特定用途的丝绸产品；习俗指长期生产实践中积淀形成的礼仪规范与思想观念；文学指与丝绸有关的神话、传说、诗词、歌赋等。我们在前文所述丝绸的渊源，历代蚕、桑、丝、绸生产政策，丝绸在赋税、贡品、贸易中的重要地位和作用，丝绸生产的技术特色及发明创造点，大多属丝绸文化的技术和器物范畴。下面我们再简略叙述一下可归纳在习俗、文学范畴的丝绸服饰、丝绸习俗、丝绸文学。

1. 贵者垂衣裳，贱者裋褐裳

　　在衣、食、住、行四项中，衣被列为首位，它除起着护体御寒作用外，更重要的是它的色彩、纹样、款式具有鲜明的标识性、流行性、时代性、地域性和民族性等特征。丝绸服饰亦是如是。

---

① 孟宪文、班中考：《中国纺织文化概论》，中国纺织出版社，2000年。

(1) 丝绸服饰的标识性

丝绸服饰的标识性，表现为一代又一代沿袭的冠服制度。

古代的冠服制度出现在商周时期，据传是辅佐成王的周公姬旦为巩固西周政权而定。这是一套较为完整的阶梯式宗法等级制度，明示了官职上朝、公卿外出、后嫔燕居等的上衣下裳的差等，并对衣冕的形式、质地、色彩、纹样、佩饰等作了详细的明文规定。贾谊《新书·服疑》所云："贵贱有级，服位有等……天下见其服而知贵贱。"《后汉书·舆服制》所云："非其人不得服其服。"《天工开物·乃服》所云："贵者垂衣裳，贱者裋褐裳。"皆是说不同阶层的人应服用符合他身份的服装，绝不能服用超越身份的服装，否则就是僭越，大逆不道。

冠服制度最核心的内容是表贵贱辨等级的十二章纹和正色、间色的色彩观。

图3-1 清乾隆皇帝龙袍（吉服）

据说，十二章纹是"古帝虞舜汇集昔人所作之服饰，而制为定典者也"。这组纹样组合了各有其特殊象征意义的日、月、星辰、山、龙、华虫、宗彝、藻、火、粉米、黼、黻等十二种造物。日、月、星辰，取其照临光明，如三光之耀；山，取其稳重，象征王者镇重安定四方；龙，取其变化，象征人君的随机应变；华虫（雉属），取其文采，表示王者有文章之德；宗彝（祭祀礼器，上有虎、蜼之形），取其勇猛智慧，并示王者有深浅之知；藻，取其洁净，象征冰清玉洁之意；火，取其光明；粉米，取其滋养；黼，绣黑白为斧形，取其决断；黻，绣青与黑两弓相背之形，取其明辨。前六章绘于衣，后六章绣于裳。凡天子之服，十二章全备。日、月、星辰，虽公爵亦不得用。山、龙，侯伯禁用。丁男以下，则依次递减。十二章纹几乎汇集了中华民族全部的文化价值观，如龙的神圣观，粉米的生存观，黼黻的政治观等，它自西周开始出现起，一直到清代，涵义始终一贯，是重要的礼仪标志。（图3-1）

　　除十二章纹外，在中国古代的服饰制度中，最能反映封建等级制度的，还有明清时代的补服。所谓补服是一种饰有品级徽识的官服，或称"补袍"或"补褂"。因其前胸及后背缀有用金线和彩丝绣成的补子，故称。比照两朝的官补，两者都是以方补的形式出现，文官都是绣飞禽，武官都是绣走兽，制作方法有织锦、刺绣和缂丝三种。明代的补子尺寸较清代稍大，以素色为多，底子大多为红色；清代补子以青、黑、深红等深色为底，五彩织绣，色彩非常艳丽。据《明史·舆服志》和

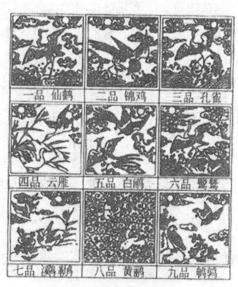

图3-2 明代文官补子图案

《明会典》记载，明代补子图案大致是：公、侯、驸马、伯用绣麒麟、白泽；文官一品仙鹤，二品锦鸡，三品孔雀，四品云雁，五品白鹇，六品鹭鸶，七品鸂鶒，八品黄鹂，九品鹌鹑；杂职练鹊；风宪官獬豸。武官一品麒麟，二品狮子，三品虎，四品豹，五品熊罴，六品、七品彪，八品犀牛，九品海马；杂职未入流练鹊。（图3-2）

古人将色彩分为正色和间色。何谓正色？青、赤、黄、白、黑为"五方正色"。何谓间色？正色之间调配出的绿、红、碧、紫、骝黄(硫磺)为"五方间色"。《考工记》"画缋"条说：画缋之事，杂五色。东方谓之青，南方谓之赤，西方谓之白，北方谓之黑，天谓之玄，地谓之黄。布彩次序是青与白相次，赤与黑相次，玄与黄相次。青与赤相间的纹饰叫做文；赤与白相间的纹饰叫做章；白与黑相间的纹饰叫做黼；黑与青相间的纹饰叫做黻。五彩齐备谓之绣。画土用黄色，用方形作象征，画天随时变而施以不同的色彩。画火以圜，画山以章，画水以龙。娴熟地调配四时五色使色彩鲜明，谓之巧。凡画缋之事，必须先上色彩，然后再以白彩勾勒衬托。这种以色彩昭示礼仪，彰显教化的功能，在西周时曾被严格执行。春秋期间，孔子有感于当时礼崩乐坏，说："君子不以绀(泛红光的深紫色)、緅(绛黑色)饰，红紫不以为亵服。"拿现代的话说就是绀、緅、红紫都是间色，君子不以之为祭服和朝服的颜色。对当时齐桓公好服紫，一国尽服紫的现象，孔子有"恶紫之夺朱"的讥讽，《孟子题辞》也有"正涂壅底，仁义荒怠，佞伪驰骋，红紫乱朱"的议论。

(2) 丝绸服饰的流行性

丝绸服饰的流行性，表现为在人文世态大潮中的文化取向和时尚风气。

流行性的核心是观念，而观念一旦形成虽有相应的稳定性与延续性，但它依赖于特定的社会氛围，因此它又是动态的、发展的。观念的形成大多可找到源头，一些丝绸服饰就是经过了某些特殊途径，而引起人们注意的，进而绝大多数的人开始关注它、了解它、使用它。春秋时，齐国一度流行紫衣，起因便是缘于齐桓公偏爱紫色。《韩非子》记载了这样一个故事：齐桓公好服紫，导致一国尽服紫，风头最盛的时候，五件素衣都换不来一件紫衣。当齐君发现不妥予以制止，几乎不起作用。直到管仲进谏，劝齐君自己不再穿紫衣，而且对穿紫衣入朝的臣僚说"吾甚恶紫衣之臭"，令他们退到后面。齐桓公采用这条计策后，紫衣的流行势头才被遏制。汉代时，妇女流行穿带褶的裙子，起因是赵飞燕。相传赵飞燕被立为皇后以后，十分喜爱穿裙子。有一次，她穿了条云英紫裙，与汉成帝游太液池。鼓乐声中，飞燕翩翩起舞，裙裾飘飘。恰在这时大风突起，她像轻盈的燕子似的被风吹了起来。成帝忙命侍从将她拉住，没想到惊慌之中却拽住了裙子。皇后得救了，而裙子上却被弄出了不少褶皱。说来也怪，起了皱的裙子却比先前没有褶皱的更好看了。从此，宫女们竞相效仿，这便是古代著名的"留仙裙"。这两个故事说明一个道理，文化倾向和时尚风气决定服饰社会效应的去向和水准，然后自然而然地贯穿到人们的着装意识和行为中，从而作为一种社会现象成为服饰流行性的内因。服饰的变化直接反映出流行于那个时代的文化思潮和当时人们的处世哲学。在追随文化倾向和时尚风气时，服饰总是引领风潮。

(3) 丝绸服饰的时代性

丝绸服饰的时代性，表现为不同时代、不同社会文化背景左右的服饰特征。

商周时期，服饰是上衣下裳，束发右衽。春秋战国时期，频繁的战争促使赵武灵王推行了"胡服骑射"的军事改革。改革的中心内容是穿胡人的服装，学习胡人骑马射箭的作战方法。其服上褶下绔，有貂、蝉为饰的武冠，金钩为饰的具带，足上穿靴，便是骑射。这是中国历史上第一次服装改革，改变了长久以来汉族宽衣博带、长裙长袍的服装样式，胡服从此盛行。秦汉两代的服饰，随着染织、刺绣工艺的进步，色彩愈加庄重鲜明，出现了穿黑色衣服必配紫色丝织饰物的风气。魏晋南北朝时期，由于大量少数民族进入中原，胡服成为社会上司空见惯的装束，胡服中窄袖紧身、圆领、开衩等标志性要素，更是被深深地融入在老百姓各款服装中。盛唐时期，由于政治、经济的稳定和繁荣，兼之大量异域文化的进入，使得唐代服饰呈现出交流融合的多民族性特色。这一时期妇女服饰之奢华，款式之开放都是空前的。永泰公主墓东壁壁画中，梳高髻、半露酥胸、肩披红帛，上着黄色窄袖短衫、下着绿色曳地长裙、腰垂红色腰带的唐代妇女形象，真实形象地还原了"粉胸半掩疑暗雪""坐时衣带萦纤草，行即裙裾扫落梅"等唐诗美句的意境。宋代的服饰受程朱理学的影响，比较拘谨保守，色彩也不及以前鲜艳，给人以质朴、洁净、淡雅之感。元代服饰特点是缕金织物大量应用，纱、罗、锦缎、縠，无不加金。元人把金光闪闪的织金锦叫"纳石失"，意即波斯金锦。《元史·舆服志》记载，天子冬服分十一等，用纳石失作衣帽的就有好几种，百官冬服分九等，也有很多用纳石失缝制。皇帝每年大庆，都要给一万两千名大臣颁赐金袍。明代流行一种特殊式样的帔子，这种帔子宽三寸二分，长五尺七寸，由于其形美如彩霞，故得名"霞帔"。服用时将帔子绕过脖颈，披挂在胸前，由于下端垂有金或玉石的坠子，可使服用的女子显得挺拔高贵。在清早期时，满汉妇女服饰泾渭分明，满族妇女以长袍为主，汉族妇女则仍以上衣下裙为时尚。清代中期始，满汉各有仿效。至后期，满族效仿汉族的风气颇盛，史书甚至有"大半旗装改汉装，宫袍截作短衣裳"之记载。而汉族仿效满族服饰的风气，也于此时在达官贵妇中流行。

(4) 丝绸服饰的地域性和民族性

丝绸服饰的地域性和民族性，表现为不同地域、不同民族各自不同的文化心理，观念信仰，风俗习惯等人文特征。

服饰作为一种文化，经过不同历史阶段演变，形成地域性、民族性差异。造成这种差异的因素众多，其中文化差异是最重要的因素之一。《墨子·公孟》载："昔者齐桓公高冠博带，金剑木盾，以治其国，其国治；昔者晋文公大布之衣，牂羊之裘，韦以带剑，以治其国，其国治；昔者楚庄王鲜冠组缨，绛衣博袍，以治其国，其国治；昔者越王勾践剪发文身，以治其国，其国治。"表明当时列国风俗，从发式到冠帽，从服装到佩饰，都有明显的区别，而这种区别的形成就在于各地文化的差异。此外，地理环境和生活方式的差异也是不容忽视的因素之一。地理环境和生活方式不仅决定着服饰面料的选择，而且还潜移默化地影响了民族服饰特点的形成与发展。以蒙古族和藏族为例，蒙古族的直领长袍与软地皮靴，色彩鲜明，宽松自然，尽现草原游牧民族风情；藏族的肥大皮袍，呢面毛边，腰缠宽带，正是高原变化无常气候条件的创造。透过他们个性鲜明的服饰，我们不仅可以对其所属民族做出大致判断，而且能够程度不同地感受到蒙古族粗犷豪放、藏族坚韧执着的民族性格和文化品格。可见服饰的地域性、民族性特征，是一个地区或一个民族区别于其它地区或民族最显著的外部特征之一，常常成为地域性的或民族性的文化标志。

2. 相沿成风，相习成俗

在中国，养蚕治丝织绸既是重要的社会生产活动，也是人们赖以生存和提高生活质量的物质基础。长期以来，几乎无处不在的蚕桑丝绸生产，深深地烙印在人们的社会生活中，使其产生了包括男女有别的生产方式，以及名目繁多的以祭祀活动为主要内容的信仰习俗、以各种禁忌为鲜明特征的生产习俗，以每逢时令节日围绕丝绸生产所开展的诸如进蚕香、轧蚕花等活动为主要内容的岁时习俗，以婚丧嫁娶中与丝绸相关的礼仪习俗等。这些丝绸习俗对蚕桑生产地区及从事该项生产活动的人群，影响之大，诚如梁启超所说："气候山川之特征，影响住民之性质；累代之蓄积，发挥衍为遗传。故同在一国，同在一时，而文化之度相去悬绝。环境对于'当时此地'习惯及思想之支配力，其伟大乃不可思议"。

(1) 男耕女织

男女有别的生产方式最突出的表现就是男耕女织。衣、食是人类生活的要素。食来自耕种，衣来自纺织，由于男女生理上的差异，男耕女织在人类生产活动中很自然的就成为一种方式。在发掘东北地区新石器时代晚期墓葬时，曾发现一有趣现象，即随葬品中有纺轮的墓，一般还会有石刀、石麻盘和陶器，没有石镞；随葬品中有石镞的墓，还会有石斧、石锛和陶器，没有纺轮。这一差异，显然是由于墓主人性别不同所致，表明出当时男子已主要从事狩猎和农耕、女子已主要从事家务和纺织的明确劳动分工。中国古代小农经济亦是建立在"男耕女织"的基础上，《大雅•瞻卬》诗句："妇无公事，休其蚕织。"《豳风•七月》诗句："春日载阳，有名仓庚。女执懿筐，遵彼微行，爰求柔桑。"《汉书•地理志》"男子耕种禾稻，女子蚕桑织绩"的记载，无不反映出古人根深蒂固的"一夫不耕或受之饥，一妇不织或受之寒"的观念。

(2) 信仰习俗

信仰习俗最直接的表现为蚕神崇拜。在科学不发达的古代，人们把丰收的期望寄托于神灵的保佑，前文提到，在现已发现的两个蚕事完整卜辞中分别有这样的记述："戊子卜，乎省于蚕。""贞元示五牛，蚕示三牛，十三月。"前一片卜辞中"乎省于蚕"的意思是问蚕桑的年成。同样内容的卜辞连在一起达九片之多，也就是说为问蚕事，占了九次卦。后一片卜辞的意思是说祭祀老祖宗用五头牛，祭祀蚕神用三头牛。频繁占卜蚕事，并将蚕神与老祖宗并列奠祭，意味着早在周代开始，统治者对祭祀蚕神活动就很重视。以后的历朝历代，朝廷祭祀蚕神活动从未间断，每朝皇宫内都设有先蚕坛，供皇后亲蚕祭祀之用。上行下效，民间也把祭祀蚕神作为养蚕前一定要举行的仪式，而且形式多样。历代所刊《农书》在介绍养蚕方法和工具时，大多都是将祭祀蚕神放在卷首部分予以介绍，其目的，如王祯《农书》所云："先蚕，尤先酒、先饭。祀其始造者。"民间祭祀蚕神的场所，既有专门的蚕神庙、蚕王殿，也有的在佛寺的偏殿或所供奉的菩萨旁塑个蚕神像，甚至还有蚕农在家中墙上砌有神龛供奉印有蚕神像的"神码"。民间供奉的蚕神有多个，这些蚕神的背后，每一个都有一段动人的传说。蚕农选择哪个蚕神供奉，当与其地流传最广的蚕神传说有关。《豳风广义》说："汉祀宛窳妇人寓氏公主；蜀有蚕女马头娘，又有三娘为蚕神者；又南方祀蚕花五圣者；此后世之溢典也。夫农桑天畀养民重宝，必有所司之神以主之，所司者，即始为开导者。故农祭先农，蚕祭先蚕。"祭祀蚕神的时间、形式以及祈祝之词，《蚕书》中有记载，谓："卧种之日，割鸡设醴，以祷先蚕。……凡养蚕下蚁之日，蚕多力厚者，设三牲酒醴；蚕少力微者，割鸡设醴。点灯、焚无气味之香，将蚕蚁之筐，置先蚕几案，蚕母率阖家奠醴，拜读祈祝之文。曰：惟蚕之原，伊驷有星。蚕事之兴，圣母肇成。气钟孕育，惟神适从。保之佑之，有箔皆盈，尚冀终惠，用彰阙灵。簇老献瑞，茧盆效工。敬获吉卜，克契心盟。神其来享，爰祀惟成。奠拜毕，将蚁筐上架饲之。此祭先蚕之章程也。"蚕农祭拜蚕神之郑重，心之虔诚，无疑是因为他们世代都从事蚕事生产，遇自然灾害，常常力不能逮，希望借助蚕神的超自然力量化解，而产生的一种心理信仰。

(3) 生产习俗

生产习俗是指千百年来蚕农们在养蚕过程中形成的一系列独特的生产方法和手段。在众多的生产习俗中，有些习俗是有助于蚕的健康生长的，如关蚕门，《蚕事要略》云："蚕性最怯，凡人声喧嚷及生人冲撞皆忌之。故育蚕之家极宜清净，其门户须紧闭（湖俗谓之关蚕房门）。门上须插桃枝为标帜，至摘茧时则不忌矣。"另同治《湖州府志》载："蚕时多禁忌，虽比户不相往来。宋大成诗云：'采桑时节暂相违。'盖其俗由来已久矣。官府至为罢征收、禁勾摄，谓之关蚕门。"可见在养蚕季节，家家户门紧闭，邻里鸡犬之声相闻，却不相往来，连官府一些公事也须为之让路。其实蚕并不忌人喧嚷，但关蚕门可以防止病原体的沾染者出入蚕室，传染蚕病，同时也使蚕农专心养蚕。有些习俗则完全是蚕农的主观臆想，对蚕的生长毫无裨益，但其对蚕农的心理影响却是不容轻视的。《裨农最要》云："蚕喜闻牛粪气，……使蚕自初生至老，皆闻牛气，则一切避忌之物不闻矣。此最验美法也。"蚕喜闻牛粪气无科学依据，反映了蚕农希望蚕宝宝生长像牛一样壮实的美好心愿。蚕养得好坏，直接关系到蚕农的收入，因此蚕农对蚕的敬畏甚至不知不觉地改变了蚕乡部分语言习惯，如说话时忌讳"鼠"、"僵"、"亮"、"扒"、"伸"、"冲"等字眼。将老鼠称作"夜佬儿"，将酱油叫作"颜色"，天亮则称"天开眼"。清代缪嗣寅有一首《养蚕词》，对蚕农惧怕失口，从而影响丰收的惶恐心理描述的淋漓尽致，诗云："蚕初生，采桑陌上提筐行。蚕欲老，夜半不眠常起早。衣不暇洗发不簪，还恐天阴坏我蛋。回头吩咐小儿女，蚕欲上山莫言语。"不难想象，这些风俗习惯的形成是为了保护蚕丝生产。生产方式对风俗习惯的形成影响之大，由此可见一斑。

(4) 岁时和礼仪习俗

蚕乡围绕丝绸生产所开展的岁时习俗、婚丧嫁娶等习俗，名目繁多，不胜枚举，而且甚为繁琐，各地方各有各的特色，较难综合概述。兹将各种有代表性的资料，选择少许录之于下：

（1）轧蚕花。杭嘉湖平原西北部，桐乡、吴兴、德清三县交界处，有一座小山丘，名含山。每年清明节，附近农村的蚕农，特别是养蚕女，总要到含山上走一走，轧轧闹猛，俗称"轧蚕花"。据说，凡是到含山轧过蚕花的养蚕女，将来养蚕定能获得好收成。

（2）摸蚕花奶奶。"轧蚕花"的时候，未婚的蚕农姑娘希望有相识的或不相识的小伙子去摸一摸她的乳房，俗称"摸蚕花奶奶"。习俗认为：未婚姑娘在"轧蚕花"时被小伙子摸过奶房后，就有资格当蚕娘了。而且，她家今年的蚕花也一定兴旺；否则的话，轧了一通蚕花，竟连一个人也不去理她，则是一件非常倒霉的事情。

（3）戴蚕花。养蚕伊始，蚕妇须头戴红彩纸折成的花朵，称为"戴蚕花"，以示迎接蚕花娘娘的诚意，祈祷蚕茧的丰收。

（4）请蚕宝宝。余杭蚕乡称蚕为"宝宝"，以示珍爱。清明前，到蚕乡卖蚕种商人，要送蚕户鹅鸡马面一张，以示"送宝上门"。蚕籽进门，蚕户用桃花纸糊窗，贴上用红纸剪成的蚕猫、聚宝盆、摇钱树等吉祥图案，门窗上再插野桃树枝、桃树头，以示好兆头和避邪。

（5）谢蚕花。在农历端午节，蚕农们经过了一年中最为繁忙的养蚕缫丝季节，所产之新茧、新丝也已经纷纷出售。为了喜庆丰收，祝贺是年蚕花娘娘的保佑，蚕农们往往要在端午节期间祭拜神位，举行"谢蚕花"的活动，故又有"端午谢蚕花"之称。

（6）接送蚕花。蚕乡男女定亲时，女方常送一张蚕种或几条蚕作为定亲信物，叫"送蚕花"；男方母亲须着红色丝棉袄去接，称"接蚕花"。

（7）经蚕肚肠。经作动词，有织之意。此习俗流行于桐乡河山乡一带。每当新婚次日，堂屋中用椅子围成一圈，中置拷栲，上放面条、蚕种纸、秤杆等物，喜娘领新娘围椅子旋转，把红色的丝绵线缠于椅背。此仪式寓有缫丝劳动之意，所用各物象征蚕花丰收，幸福绵长，称心如意。

（8）扯蚕花挨子。蚕花挨子即丝绵胎。死者入殓时，亲属按长幼亲疏，依次每两人用手扯一张薄薄的丝绵，盖在死者身上，越厚越体面，有保护死者遗体之意，也含有请死者保佑后辈生活安康、蚕花丰收的祈求。

3. 合纂组以成文，列锦绣而为质

作为古代最重要的社会活动，丝绸生产与人们生活密切相关。文人墨客不仅将他们所看到的丝绸生产内容作为题材写入他们的文学作品，以鲜活的形象反映蚕桑缫织劳作多姿多彩的画面，有的文人还以某项丝绸生产工艺为例，阐释他们的创作理念。其中最为经典的是司马相如回答友人如何写赋时所说："合纂组以成文，列锦绣而为质。一经一纬，一宫一商，此赋家之迹也。"纂、组为组织最简单的丝织物，锦绣为高级丝织物。司马相如将纂、组比作"文"，将提升文章之美的"质"比作锦绣。谓写赋的基本法则是将简单的文字合成繁缛密丽锦绣样的语言，使文章既呈现铺锦列绣的色彩美，又具有音乐的韵律美。

古代涉及丝绸的文学作品甚为繁多，而且从采桑、养蚕到择茧、缫丝；从缫车到织机；从捣练到染色；从织品到纹样；从衣衫到纹饰，应有尽有。限于篇幅，我们从与丝绸有关的文字开始，再选择一些脍炙人口的文学作品，分述之。

(1) 与丝绸生产有关的文字

文学是社会发展的产物，而文学又是由语言文字组构而成。丝绸生产对中华民族物质生活和精神生活影响之大，从与它有关的文字在汉语词汇中出现的次数可以看出梗概。在文字形成时期，文字往往与生产实践密切相关，并随着生产实践的进步而增加。在已发现的甲骨文中，以"糸"为偏旁的字有一百多个。在汉代《说文解字》中以"糸"为偏旁的字有二百六十七个，以"巾"为偏旁的字有七十五个，以"衣"为偏旁的字有一百二十多个。在南北朝《玉篇》中，收录与"糸"相关的糸、丝、素、索等七部，共计四百余字。而到宋本《玉篇》中，则收"糸"部计四百五十九字，"巾"部一百七二字，"衣"部二百九十四字。至清代《康熙字典》中，仅"糸"部就收有约八百三十字，又较宋代增加了很多。实际上长期的丝绸生产实践，不但产生了这些繁多的"糸"、"巾"、"衣"旁文字，还衍生出大量与之有关的词汇和成语，如，比喻人到晚年——桑榆；家乡的代称——桑梓；形容自己束缚了自己的手脚——作茧自缚；形容生活极其贫寒——桑枢瓮牖；形容事物之间的种种密切、复杂、难以割舍的关系——千丝万缕；比喻美上加美——锦上添花；比喻发达后不为人知——衣锦夜行。此外，另有一些抽象名词和成语，也有不少源于丝绸生产，如源于丝绸织造技术出现的"综合"、"机构"、"组织"等名词，源于丝绸染色技术出现的"青出于蓝而胜于蓝"、"恶紫夺朱"等成语。

(2)《诗经》

《诗经》是中国第一部诗歌总集，内容分风、雅、颂三部分，共收入诗歌305首，以大胆而清丽的语言，开辟了中国诗歌的独特道路，在中国文学史上具有崇高的地位。关于它的编集，据《汉书·食货志》讲，当时周王朝派出专人到各地采歌谣，然后由史官整理给天子，以图体恤民情。这305首诗歌，作者中有贵族、农夫、牧人、兵士等，产生的地域包括现在的陕西、山西、河北、山东、河南、湖北等省，从多方面表现了西周初期至春秋中叶大约500多年的史实和风土人情。

因蚕桑生产是最主要的社会活动之一，所以《诗经》中谈及蚕、桑、丝、帛和染色的诗句很多。据统计，谈及"桑"字的有21首；谈及"蚕作"的有2首；谈及"丝"的有12首(其中一首既有写丝，又有写桑的内容)；谈及"丝织品"的有13首；谈及"丝绸贸易"的有1首；谈及

"柞树"的有5首(其中一首既有写柞树,又有写桑的内容)①。

可以说那个时期蚕桑丝绸生产概貌,尽在这些诗句中。从《魏风·十亩之间》"十亩之间兮,桑者闲闲兮"诗句,《郑风·将仲子》"将仲子兮,无逾我墙,无折我树桑"诗句,可以看出当时既有大面积的桑林、桑田,也广泛在宅旁和园圃中种桑;从《小雅·采绿》"终朝采绿,不盈一匊"、"终朝采蓝,不盈一襜"诗句,可以知道当时所用的植物染料还是野生的;从《卫风·氓》"氓之蚩蚩,抱布贸丝。匪来贸丝,来即我谋"诗句,可以知晓当时民间丝绸贸易已非常普遍。如是与丝绸有关的例子,在《诗经》中还可找出很多,下面仅择最具代表性的《豳风·七月》中的两章诗句,详析之。原诗如下:

"七月流火,九月授衣。春日载阳,有鸣仓庚。女执懿筐,遵彼微行,爰求柔桑。春日迟迟,采蘩祁祁。女心伤悲,殆及公子同归。"

"七月流火,八月萑苇。蚕月条桑,取彼斧斨,以伐远扬,猗彼女桑。七月鸣鵙,八月载绩。载玄载黄,我朱孔阳,为公子裳。"

《豳风·七月》是一首典型的农事叙述长诗。全诗结构完整,章法严谨,有八章八十八句,为"国风"中第一长篇。诗作者运用叙述、对比、烘托、渲染等手法,细致生动地描绘出西周时期村野农夫和蚕女织妇一年间各个季节月令的农事内容,真实地反映了这一历史时期下层百姓的劳动与生活。上引的是全诗中的第二章和第三章,内容是歌咏女子在采桑、纺织、染缯等生产过程中的内心感受,读后我们可以对当时蚕桑生产的一些细节有个大概了解。其中"女执懿筐",反映出当时已在室内养蚕,故需提筐到桑林采摘桑叶。"蚕月条桑",表明当时已经认识到修剪桑树的重要性,并有一套行之有效的工艺方法。"取彼斧斨,以伐远扬",说明当时的桑树品种多为树型高大的乔木桑。"八月载绩。载玄载黄,我朱孔阳,为公子裳",不仅道出黑、黄、红为当时的

---

① 杨逸文、蔡志伟等:《〈诗经〉蚕歌杂谈》,《蚕桑通报》2008年第2期。

流行色，最为重要的是透露出当时还不具备植物染料的提纯和储存技术，染色只能在植物（染料）成熟可以采收的夏秋之时进行。

(3)《急就篇》

《急就篇》，又名《急就章》，西汉史游编撰，成书时间约在公元前40年，是我国现存最早的识字与常识课本。之所以取"急就"二字作篇名，宋人晁公武是这样解释的："杂记姓名诸物五官等字，以教童蒙。'急就'者，谓字之难知者，缓急可就而求焉。"按现在的说法，"急就"二字并不是指"字之难知"，而是"速成"的意思。

由于汉代蚕桑丝绸生产发达，丝织产品名称多若繁星，为便于儿童学习和了解，史游《急就篇》中，将50种寻常可见的丝织品名称，编成易于记诵的七言诗：

"锦绣缦緰离云爵，乘风悬钟华洞乐。豹首落莫兔双鹤，春草鸡翘凫翁濯。郁金半见缃白瀹，缥綵绿纨皂紫硟。烝栗绢绀缙红纁，青绮绫縠靡润鲜。绨络缣练素帛蝉，绛缇絓紬丝絮绵。"

这首诗既有文学价值，又有重要的史料价值，从中可以看到当时人们日常生活中服用的丝织品名目，可以窥测当时丝绸生产的水平，最为重要的是这首诗告诉我们，汉代丝织品是按四种方式分类命名的。

一是按织物组织。如锦、绣、缦（无花纹的绸）、緰（表面有绒毛类似丝绒丝织品）、绮、绫、縠、绨（厚绸）、络、缣等。

二是按花纹。如离云（状如云气离合）、爵（孔雀）、乘风（海鸟）、悬钟（钟磬架子）、华（华藻）、洞乐（乐器）、豹首（状如兽头）、落莫（纹彩相连的图案）、兔、双鹤、春草、鸡翘、凫翁濯（水鸟）等。

三是按色彩。如红色调有红、缙（浅赤）、纁（深红）、绛（赤色）；黄色调有郁金（嫩黄）、半见（黄白之间）、缃（浅黄）、烝栗（深黄）、绢（麦穗黄）；橙色调有缇；绿色调有绿、綵（青白色）；

紫色调有紫、绀（青而赤）；白色调有白缲（白而有光）、缥（青白色）；黑色调有皂。

四是按加工特征。如碾（经磨压表面有光泽的丝绸）、练（经熟练而柔软洁白的绢）等。

(4) 白居易的《红线毯》和《缭绫》诗

白居易，字乐天，号香山居士，唐代最丰产的诗人，有近三千首诗篇留存。其诗文不求宫律高迈，不求文字奇谲，只求平易通俗，意到笔随。《红线毯》和《缭绫》是白居易最有代表性的与丝绸有关的诗篇。

《红线毯》系白居易《新乐府》中的第二十九首，题旨为"忧蚕桑之费"，全文如下：

"红线毯，择茧缲丝清水煮，拣丝练线红蓝染。染为红线红于花，织作披香殿上毯。披香殿广十丈余，红线织成可殿铺。彩丝茸茸香拂拂，线软花虚不胜物。美人踏上歌舞来，罗袜绣鞋随步没。太原毯涩毰毸硬，蜀都褥薄锦花冷。不如此毯温且柔，年年十月来宣州。宣州太守加样织，自谓为臣能竭力。百夫同担进宫中。线厚丝多卷不得。宣州太守知不知？一丈毯，千两丝。地不知寒人要暖，少夺人衣作地衣。"

诗文前半部分，先是讲述织作红线毯的关键工艺，接着介绍红线毯"大"、"精"、"美"、"温"、"柔"的各种特点，并通过对比太原毛毯、蜀都锦褥突出这些品质。在这一部分中，诗人没有一句提及红线毯的价值，却通过运用描写、衬托、对比等表现手法，淋漓尽致地渲染出红线毯织作之艰幸，耗资之巨大，为下面讽刺、抨击地方官劳民伤财、敲诈乡里，取悦皇帝之举埋下伏笔。诗文的下半部分，话锋一转，矛头直指地方官，谓宣州太守为进奉加工织出的红线毯，线厚丝多的不能卷曲，需要众人共同搬运才能铺到宫中去。宣州太守你可否知道，一丈毯要耗费千两丝，人民温暖尚不能解决，还是少做那种夺人衣去做地衣的缺德事。在这一部分中，诗人通过其中的问句，从叙述事情转折到表达胸臆，似乎非常突然，实际上正是这个转折，提升了全诗的意境，也使"忧蚕桑之费"题旨完全表达出来。

《缭绫》系白居易《新乐府》中的第二十九首，题旨为"念女工之劳"，全文如下：

"缭绫缭绫何所似，不似罗绡与纨绮。应似天台山上月明前，四十五尺瀑布泉。中有文章又奇绝，地铺白烟花簇雪。织者何人衣者谁，越溪寒女汉宫姬。去年中使宣口敕，天上取样人间织。织为云外秋雁行，染作江南春水色。广裁衫袖长制裙，金斗熨波刀剪纹。异彩奇文相隐映，转侧看花花不定。昭阳舞人恩正深，春衣一对直千金。汗沾粉污不再着，曳土踏泥无惜心。缭绫织成费功绩，莫比寻常缯与帛。丝细缫多女手疼，①扎扎千声不盈尺，昭阳殿里歌舞人，若见织时应也惜。"

这首诗的内容可分为三部分。第一部分是说缭绫的特异和精美。谓其明艳远逾罗、纨、绡、绮，而且展视全匹，直如四十五尺之飞瀑自天倒挂而下，其上花纹之雅净，轮廓之分明，因人动转而翩翩演映之异彩奇文，犹如雪簇烟拥。第二部分言明缭绫的制作者和享用者各为何人，制作过程和裁剪出的衫裙效果又是如何。谓其是越地贫寒女子为宫中妃嫔所织，纹样是出自宫中，以水藻纹为主体辅以祥云、飞禽的图案，颜色为江南春水般的碧绿色，经裁制熨烫的衫裙，呈现奇文异彩，闪灼不定，令人眼花缭乱的效果。第三部分鞭挞了宫中妃嫔丝毫不体谅越女织造辛劳，对如此豪华的裙衫，无半点爱惜之心，稍有沾污便弃之的行为。全诗寓意丰富，耐人咀嚼。从文学的角度欣赏此诗，可获得艺术美的享受；从社会学的角度审阅此诗，可知当时统治者生活之奢靡，下层百姓生活之艰辛；从技术的角度看此诗，既可知缭绫系挑花绫（缭，通撩，有挑起、撩拨之意），又可见彼时丝织技艺所达到的惊人水平。

---

① "丝细缫多女手疼"句中的"缫"字，很多书都解作"缫丝"，译文为"丝太细，抽丝太多使女工手痛"。如此解读是不对的。在古代，"缫"，亦通"藻"，作纹饰讲。通读《缭绫》全文，此"缫"字应是此意，故此句译文应为"丝太细，纹饰太多使织女挑花致手痛"。

(5)《耕织图》和《蚕织图》

《耕织图》是一套描绘江南地区耕织劳作的图谱，也是我国古代有关耕织方面最早以诗配图供普及用的一本图册。绘制者楼璹，字寿玉，浙江鄞县人。

现楼璹原本《耕织图》已不可见，其内容据其侄楼钥在《攻媿集》中所述："耕织二图，耕自浸种以至入仓，凡二十一事；织自浴蚕以至剪帛凡二十四事，事为之图。系以五言诗一章，章八句。农桑之务，曲尽情状。虽四方习俗，间有不同，其大略不外于此。"

以美术形式展示耕织的场景，非楼璹首创，早在北宋时即已出现。王应麟《困学纪闻》卷十五载："仁宗宝元初，图农家耕织于延春阁。" 宋高宗也曾谈及此事，李心传《建炎以来系年要录》载："朕见令禁中养蚕，庶使知稼穑艰难。祖宗时，于延春阁两壁，画农家养蚕织绢甚详。元符间因改山水。"不过那是宫廷壁画，除供皇室欣赏外，主要作用是标榜皇室时刻想着百姓，不忘稼穑之艰辛。楼璹创作的《耕织图》则不然，是给寻常百姓看的，特别便于不识字的农民据其直观形象进行模仿。

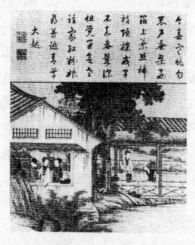

图3-3 《耕织图》局部

楼璹《耕织图》一经出现便产生巨大影响，宋代及以后的几个朝代，绘制《耕织图》几乎成了一种风气，接连出现了许多以"耕织图"命名，并且内容形式都与楼璹《耕织图》相同或相近之作品。现公认的与原本最为接近的是元代程棨摹本，乾隆还曾以楼诗原韵为程图配了一组诗，并将此图收藏于圆明园多稼轩。现今最易见的则是清代康熙年间焦秉贞绘本。

据现存版本考证，楼璹原本《耕织图》中插图是传统的水墨线描图，焦秉贞绘本插图则采用了西洋透视绘法，图谱内容与楼璹原本亦有差别，织图中略去"下蚕""喂蚕""一眠"三图，另增加了"染色""成衣"二图。每幅图的文字内容除保留楼璹五言诗外，还题有康熙御制七言诗。因焦秉贞绘本系受康熙之命令所作，康熙又为之作序、题诗，故该本又称为《御制耕织图》。（图3-3）

《蚕织图》系宋高宗时吴皇后令画工摹改《耕织图》的蚕织部分而得。此图曾被清皇室珍藏，20世纪30年代被溥仪携至东北，1945年后散落民间。1983年黑龙江省博物馆将其收藏至今。

《蚕织图》长513厘米，高27.5厘米。内容从"腊月浴蚕"开始，到"下机入箱"为止的养蚕、织帛整套生产工艺流程，相当完整。图中屋宇树木，布局合理、流畅和谐。图中出现的74个人物，形神兼备、栩栩如生。整体画面给人强烈的动感，使人仿佛身临其境、如闻其声。此图被北京故宫博物院多位著名书画专家鉴定为"一级甲品之最"。

《耕织图》和《蚕织图》系统而又具体地描绘了当时江南水田地区农耕和蚕桑生产的各个环节，成为后人研究宋代农桑生产技术的宝贵文献，仅就织图中出现的纺织机具而言，每一种都是我们无法从文字资料中得到的最珍贵的图像资料。其中《蚕织图》里出现的缫车和高楼束综提花织机，是目前所见最早的这两类机具的实物图像。

第四章

绫罗锦缎西行记——
丝绸及其技艺的外传

西方对中国的认识是从丝绸开始，而缘于中外丝绸贸易开辟的"丝绸之路"，不但是一条东西通商之路，还是一条中外文化交流之路，它推动了沿线各国的接触、碰撞、交流、合作、融合，对政治、经济、文化、历史都产生了深远的影响。中国丝绸文化之广博性也在漫漫丝路上得到了充分展示。那么中国丝绸是在什么时候，又是怎样传播开的？它对世界各国产生过什么样的影响呢？

1. 丝绸西传的故事

在中外文献中，有关中国丝绸向外传播的记载很多，其中不乏一些有趣的故事，现择几个简述之，以道出丝绸西传的大致脉络。

第一个故事——穆天子携丝西游

西晋初年，一个叫不准的人，在偷盗魏襄王墓时发现了数十车左右的简牍，其中有战国时成书的《穆天子传》。周穆王是周朝第五代国君，据《穆天子传》记载，周穆王在即位的第十三年（公元前989年），以伯矢为向导，乘造父驾的八骏马车，带着大量丝织品，从陕西出发，入河南，过山西，出雁门关到内蒙古，沿黄河经宁夏至甘肃，过青海越昆仑山入新疆，翻越葱岭到中亚伊朗高原后，才从天山北路载着大量的新疆美玉而归。往返路程达35000里。虽然《穆天子传》带有浓厚的神话色彩，但是书中记述的有关西域的山川地理形势、物产习俗风情，基本与历史的实况相符。一些考古发掘也可印证它确有一定的真实性，如在商代帝王武丁配偶坟茔的考古中曾发现产自新疆的软玉，说明至少在公元前13世纪，中国就已经开始和西域乃至更远的地区进行商贸往来。上个世纪80年代新疆考古工作者在吐鲁番盆地西缘、天山阿拉沟东口的一座古墓中发现了一件保存良好的凤鸟纹绿色丝线刺绣绢，经鉴定为中原地区的产物，墓葬时间约在公元前642年左右。

第二个故事——树上的羊毛

欧洲人对中国的了解是从丝绸开始的。在公元前4世纪时，当时希腊史学家克泰夏斯在他的著作《史地书》中用 "塞里斯"（seres）一词来称呼产丝的国家。希腊文里"ser"是丝的意思，"seres"原意是"制丝的人"，以后引申为"丝之国"，指的就是中国。不过由于中国距欧洲地域遥远，交通不便，在很长的时间里，西方人对丝绸及丝之来源的描述，都是道听途说或仅凭想象，非常可笑，甚至荒诞。如有人把蚕说成是一种有角的小虫，据说古希腊著名哲学家亚里士多德就这样认为。有人把丝说成是树上采集的羊毛类纤维，公元前一世纪，古罗马诗人维吉尔在《田园诗》中写道："赛里斯人从他们那里的树叶上采集下了非常纤细的羊毛。"古罗马地理学家斯特拉波在《地理学》中写道：因为气候的酷热，在某些树枝上生长出了羊毛，人们可以利用这种羊毛织成漂亮而纤细的织物。到公元一世纪时，尽管很多罗马人都穿上了丝绸，但他们仍然认为丝产自于树，以博学闻名的古罗马作家老普林尼在《自然史》中写道："人们在那里所遇到的第一批人是赛里斯人，这一民族以他们森林里所产的羊毛而名震遐迩。他们向树木喷水而冲刷下树叶上的白色绒毛，然后再由他们的妻室来完成纺线和织造这两道工序。"大约在公元二世纪，西方人才明白丝不是产自树上，而是来自一种叫蚕的昆虫，不过还是没有搞清楚蚕的生长形态和习性。希腊古历史学家撒尼雅斯在《希腊志》中这样说："赛里斯人用作制作衣装的那些丝线，它并不是从树皮中提取的，而是另有其他来源。他们国内生存有二种小动物，希腊人称之为赛儿，而赛里斯人则以另外的名字相称。这种微小动物比最大的金甲虫还要大两倍。在其他特点方面，则与树上织网的蜘蛛相似，完全如同蜘蛛一样也有八只足。赛里斯人制造了于冬夏咸宜的小笼来饲养这些动物。……用绿芦苇来饲养，对于这种动物来说，这是各种饲料中的最好的。它们贪婪地吃着这种芦苇，一直到胀破了肚子。大部分丝线就在尸体内部找到。"这些西方文献对蚕的描述，说明古代西方人对丝绸的追崇，一方面是由于丝绸本身的华丽和珍稀，另一方面丝绸及其原料上的神秘色彩无疑也一个原因。

第三个故事——公主的帽子

图4-1 斯坦因在和阗发现的画版

位于丝绸之路上的西域瞿萨旦那国（古于阗国，今新疆和田附近），是较早掌握中国蚕桑丝织技艺的国家之一。据玄奘《大唐西域记》记载，汉代时瞿萨旦那国没有蚕桑，为得到蚕桑之利；瞿国王派使节到汉王朝，请求赐给蚕种和桑种，哪知汉王朝不但不给，还下令严禁蚕种、桑种出关。瞿国无奈，便谦恭地备下厚礼请求与汉朝和亲。得到汉朝准许后，迎亲使者密告公主，瞿国"素无丝帛桑蚕之种"，公主将来要想继续穿丝绸衣衫，必须随身携带蚕桑种子出阁。于是公主出嫁时将蚕种桑种密藏于所带丝绵帽中，当出嫁队伍经过汉朝边关时，边关卫士不敢查验公主的帽子，公主得以顺利将蚕桑种子带到瞿国。自此之后，瞿国便有了蚕桑生产，并逐渐成为著名的丝织产地。20世纪初，英国人斯坦因在和阗（今和田，即古于阗）地区发现一块18世纪的画版，版上就刻画有那位将蚕桑种子藏在帽中带到瞿国的汉朝公主。想必是因这位公主所做之事造福了瞿国，当地人为纪念她而刻画的。（图4-1）另外，斯坦因还在于阗附近的一座大庙废墟里发现过一幅画着祭祀"蚕先"的壁画[1]。这种祭蚕的风俗，当然也是中国传去的，由此也反映出蚕桑在西域人民生活中所占的重要地位。

第四个故事——神奇的物品

西方史书记载了这样两件事：一是在公元前53年，罗马"三巨头"之一的克拉苏与另外两位巨头恺撒和庞培争夺个人荣誉，意气用事，率军出征东方，与从安息国赶来的波斯军队在一个叫卡尔莱的地方交战。结果克拉苏军队惨败，两万余名罗马将士阵亡，一万余人被俘。强悍的罗马军队为什么在这场战役中遭遇惨败呢？原来在两军鏖战的激烈关头，波斯人突然亮出鲜艳夺目的军旗，轮番挥舞，令罗马军人眼花缭乱，心惊胆跳，搞不清那是什么特殊武器，认为对方受到了神的庇护，于是军心涣散，糊里糊涂地败下阵来。后来据西方史学家考证，瓦解罗马军队的波斯军旗，就是在罗马很少有人见到过的丝绸。二是公元前48年，罗马的凯撒大帝有一次穿着一件中国丝袍在剧场看戏，在场的王公大臣面对那光彩华丽的丝绸，一时无心看戏，把目光都集中在皇服上，称羡不已，认为是神话中"天堂"里才有的东西。这两件事说明在公元前的很长时间里，中国丝绸向外输出的数量极为稀少，以致丝绸在欧洲人眼中是如此的少见和珍稀。

第五个故事——丝绢之战

古罗马是中国丝绸的最大主顾，但中国与罗马帝国之间隔着贵霜和安息两个大国。在很长一段时间里，中国西运的丝绸基本被波斯人垄断，导致贩运至罗马的中国丝绸价格高昂。波斯人为保护他们作为中

---

[1] 《斯坦因西域考古记》，向达译，中华书局印行，民国三十五年版。

间贸易人的巨大利益，千方百计阻挠罗马与中国直接接触。公元6世纪时，东罗马皇帝查士丁尼对波斯人垄断经营中国丝绸的局面，实在忍无可忍，于是东罗马联合突厥可汗，在公元571年攻伐波斯。这一战一打就打了20年之久，而且还未分胜负。这就是西方历史上著名的"丝绢之战"。飘逸轻柔的丝绸，残酷铁血的战争，两者联系在一起，说明丝绸利益已经影响了古罗马的经济命脉和长期发展。

第六个故事——竹杖里的秘密

查士丁尼统治期间，罗马与波斯关系紧张，境内的丝绸价格飞涨，民众怨声载道。罗马政府迫不得已采用政府限价的方法，规定"严禁每磅丝绸的价格高于八个金苏（每个金苏含4.13克黄金），违者财产全部没收充公"。有一段时间甚至下令禁止人们穿着丝衣，其理由除了防止黄金外流以外，还将服用丝织品与道德牵扯到一起。一位罗马元老这样说："我所看到的丝绸衣服，如果它的材质不能遮掩人的躯体，也不能令人显得庄重，这也能叫做衣服？……少女们没有注意到她们放浪的举止，以至于成年人们可以透过她身上轻薄的丝衣看到她的身躯，丈夫、亲朋好友们对女性身体的了解，甚至不多于那些外国人所知道的。"不过由于丝绸在市场上过于紧俏，这些规定如同虚设。在罗马皇帝查士丁尼为此整日忧心忡忡的时候，几名印度僧人觐见查士丁尼，自称能搞到中国的蚕桑种子。查士丁尼听后如获至宝，应允僧人非常丰厚的赏赐，让他去中国弄些蚕桑种子带回罗马，以求一劳永逸地摆脱波斯的控制。于是，这几个僧人不畏路途遥远，从罗马赶到新疆，买了一些蚕种和桑种。由于当时丝绸利益巨大，不仅中国严禁蚕桑技艺外传，连已掌握蚕桑技术的波斯为了自身的经济利益，也秘而不传。所以在中国到罗马的各条路线上，各国均设有很多关卡，检查过往行人的物品。僧人为将蚕桑种子顺利带回罗马，煞费苦心，终于想出了一个绝妙的走私办法。据西方史书记载：僧人自中国回到罗马，密匿蚕卵于竹杖之中，持杖行路，状如进香游客。虽中国当局严禁输出，但终无人料及，致被窃往君士坦丁堡。从此，东罗马人掌握了蚕丝生产技术，君士坦丁堡也出现了庞大的皇家丝织工场，独占了东罗马的丝绸制造和贸易，并垄断了欧洲的蚕丝生产和纺织技术。这种状况一直持续到十二世纪中叶，十字军第二次东征后才结束。其时，南意大利西西里王罗哲儿二世从拜占庭掳劫来2000名丝织工人，将他们安置在南意大利生产丝绸。13世纪以后，养蚕织丝技术又陆续传至西班牙、法国、英国、德国等西欧国家。由此可见，蚕桑丝绸生产在欧洲的广泛传播是很费了一番周折的。

根据上述几个故事，我们将丝绸及蚕桑技术西传的情况，做些简单归纳。

中国丝绸，大约在公元前1000年左右，传至新疆和中亚地区。公元前500多年时，欧洲已有人穿用丝绸。公元前50年时，丝绸成为欧洲贵族竞相追逐的珍稀奢侈品。公元一世纪时，尽管很多罗马人都穿上了丝绸，但他们仍然认为丝是产自树上的羊毛。公元二世纪时，西方人才明白丝不是产自树上，而是来自一种叫蚕的昆虫，不过他们对蚕的生长形态和习性仍很茫然。在这个时期，中国的蚕桑技艺传至新疆。公元三世纪时，波斯人掌握了中国的蚕桑技艺。公元六世纪时，罗马人在与波斯人为争夺丝绸利益展开战争的同时，想尽办法，终于掌握了蚕桑技艺。公元十二世纪以后，蚕桑丝织业从罗马逐渐传播到欧洲各国。

2. 条条大路通罗马

人们常说"条条大路通罗马"，寓意是有许多办法可以达到目的，不必拘泥一种选择。有人说这句话的出处便是缘于古代中国通往罗马的贸易路线有多条，怎么走都能到达罗马。暂且不论这么说是否准确，事实上，中国通往地中海沿岸诸国横跨亚欧的古代以丝绸贸易为主的路线，确实有许多。1877年德国地理学家李希霍芬在他的著作中，给中国和中亚南部、西部以及印度之间的这些交通路线，起了一个充满浪漫与梦幻的名称——丝绸之路。时至今日，丝绸之路的概念已深入人心，被广泛地用于泛指古代连接东西方两个世界的陆上和海上的贸易之路。

(1) 陆上丝绸之路

陆上丝绸之路的主要路线可概括分为两条，一条被称为草原丝绸之路，另一条被称为沙漠绿洲丝绸之路。

草原丝绸之路是一条东起蒙古高原，翻越天堑阿尔泰山，再经准噶尔盆地到哈萨克丘陵，或直接由巴拉巴草原到黑海低地，横贯东西。它的开通的时间较早，在公元前5世纪希腊史学家希罗多德的《历史》一书中写道：早在公元前7世纪，黑海北岸兴起的游牧民族斯泰基族的高度的金属文明就已传播到了居于天山脚下的塞族。前文提到的穆天子携丝西游的路线即是这条路线。

沙漠绿洲丝绸之路东起长安，经河西走廊到敦煌后，分为南北两线。南线经今新疆境内塔里木河南面的通道，在莎车(今莎车县)以西越过葱岭，再经大月氏(今阿富汗和田)西行；北线经今新疆境内塔里木河北面的通道，在疏勒(今喀什)以西越过葱岭，再经大宛(今乌兹别克共和国境内费尔干纳盆地)和康居南部(今撒马尔罕附近)西行。以上两路会于安息(今伊朗)，然后向西经条支(今伊拉克、叙利亚一带)到达大秦(古称罗马为大秦)。这条路线也就是李希霍芬所言的丝绸之路，它全长7000多公里，沿途多为沙漠和戈壁，由绿洲逐站相连。其支线有从长安到兰州，再折向西宁，沿青海湖北岸，穿过柴达木盆地往西去的；亦有由经四川、青海往西去的。这条路线条件极为艰苦，罗马历史学家佛罗鲁斯在他的史书中说：从中国到罗马"须行四年方能达也"。

沙漠绿洲丝绸之路大规模的、完整的开通是在汉武帝年间。当时匈奴征服了许多西域小国，将汉王朝西去的道路堵死了。汉武帝出于军事

轻纨叠绮烂生光

和经济目的，认为有必要打通西去之路，于是派张骞两次出使西域。

公元前138年，张骞首次出使西域，目的是与匈奴为敌的大月氏结成联盟，共同制御匈奴。张骞在出了汉朝疆域后不久便被匈奴捕获，匈奴单于将其流放于漠北牧羊。张骞在漠北流放的十几年中，一直没有忘记自己作为汉朝使者的使命。他在找机会逃出后，没有直接回中原，而是经大宛、康居，终于在阿姆河流域找到了被匈奴击败迁徙至此建国的大月氏。可是到了大月氏之后，发现大月氏非常满足这块水草丰美的地方，已丧失了向匈奴复仇的意志。张骞没办法只能踏上归途。公元前126年，张骞出发13年后，历尽艰险终于返回了长安。虽然与大月氏结成联盟的目的虽然没有达到，但张骞在出使的10余年间，掌握了许多西域国家的军事和经济情报。通过对这些情报的分析，汉武帝下定了打通西去道路的决心。汉朝对控制西域的目的，也由最早的制御匈奴，变成了"广地万里，重九泽，威德遍于四海"。公元前119年，张骞第二次出使西域，组织了庞大的代表团，带牛羊一万头、金币丝帛"数千巨万"作为馈赠的礼物。这次出使以及随之进行的军事行动，获得巨大成功，打通了西去的道路，使汉王朝和西域各国的交往愈加频繁。历史上张骞出使西域开通西行路线的事情非常著名，史称"张骞凿空"。

沙漠绿洲丝绸之路开通，使中国精美的丝绸和其他物品源源不断地输送到西方各个国家。不过由于路途遥远，罗马帝国市场中的丝绸，却多是由波斯商人间接贩运过去的，只有很少部分是罗马商团直接从中国贩运。罗马商团沿丝绸之路来到中国内地进行丝绸贸易，有据可考的最早记载见于《后汉书·和帝本纪》，时间是公元100年。当时罗马商团能从如此遥远的地方来到中国，对汉王朝来说不啻于一件大事，故《后汉书》将此事收入，并进行了简要记载。而这个罗马商团来华途经的地方，在当时罗马作者马林《地理学导论》中有所介绍。据此书说：商团从马其顿出发，经达达尼尔海峡，到叙利亚北境门比节，东行至伊朗西部哈马丹、里海南岸、伊朗北部达姆甘，直至阿富汗西境赫拉特，然后北上吐库曼南境马里，再东行至阿富汗北境马扎里沙里夫后，踏上中国境内的丝绸之路。

东汉的时候，中国也曾有人沿着这条沙漠绿洲丝绸之路前往大秦，可惜最终没有达到，成为千古憾事。史载，公元97年，班超经营西域期间，为绕开波斯人与大秦直接开展贸易，曾派副手甘英出使大秦。甘英率领使团一行从龟兹（今新疆库车）出发，经条支（今伊拉克境内）、安息（今伊朗境内）诸国，在到达安息西界的西海（今波斯湾）沿岸时，望海止步，没有完成使命。是什么原因让甘英在走完大部分行程，接近完成使命的时候突然放弃了？说法很多。有一种说是安息商人为了自己的利益，没有告诉甘英直接经叙利亚的陆路，而欺骗说他已走到了天的尽头。有一种则说甘英害怕海上风险，缺乏探险家的勇气。康有为就持后一种说法，而且在康有为的笔下，中国近代文明的不发达都与甘英的怯弱有关。不管怎么说，甘英是历史上第一个到达波斯湾的中国人，他的这一行程极大丰富了中国对中西亚人文地理的认识，以致国学大师王国维在《读史二十首》中有这样的赞叹："西域纵横尽百城，张陈远略逊甘英。千秋壮观君知否，黑海东头望大秦。"有意思的是，甘英曾在安息国遇到上述《后汉书》记载的那个来华罗马商团，而且可能正是由于甘英的介绍，才促使罗马商团下定决心来到中国。

历史上，沙漠绿洲丝绸之路几度兴衰。公元前60年，即在张骞凿空西域后不久，汉朝在西域设立了直接管辖机构都护府，以此为标志，这条丝路开始进入了它的第一个繁荣时期。魏晋南北朝时期，由于长年战乱，商人唯求自保而不愿远行，这条丝路逐渐凋敝，直到唐代重新控制西域后，这种局面才发生变化，并迎来了它的全盛时期。史载，丝路再次畅通后，长安城内外来货品极为丰富，如皮毛、花卉、香料、颜料、器具、乐器、金银珠宝等，几乎应有尽有。而丝路沿线出土的中国丝绸制品，更是不胜枚举，如仅在阿斯塔那墓地就出土文物数万件，其中的丝绸，有不少是织造精美，色彩艳丽，花纹考究的织锦。唐以后，直到元朝建立，在这大约三个半世纪中，随着伊斯兰东扩以及中国政治、经济重心的南移，中国通往西方的这条丝路交通，几乎一直处于半通半停的状态。13世纪成吉思汗的蒙古骑兵征服北亚之后，这条丝路才得以再度畅通。入明以后，这条丝路逐渐被彻底荒废，成为流沙之中见证丝路辉煌的遗迹。

(2) 海上丝绸之路

海上丝绸之路分为东海航线和南海航线。其中的南海航线在唐代以后西去的陆上通道逐渐衰落后，成为我国对外贸易的主要商路。

东海航线形成时间较早。早在周代，周武王便派箕子从山东半岛出发到达朝鲜，教"其民以礼仪，田、蚕、织、作"。秦汉时期，这条航线开启了中日两国的交往历史。史载，为秦始皇求长生不老丹的徐福，就是从蓬莱出发，率领童男、童女、船员、百工等数千人东渡到达日本的。此外，另有记载说，秦朝江浙一带的吴地有兄弟二人，东渡黄海至日本，向当地人传授养蚕、织绸和缝制吴服的技艺。唐宋期间，这条航线甚为繁忙，仅在唐代，日本就派出遣唐使16次，唐朝亦派使回访6次，每次人数100～600不等。对每一批遣唐使，唐朝廷均赐丝绸，仅贞元十一年（795年）赐给入长安遣唐使的绢便达1350匹。

南海航线的开通是在汉代。据《汉书·地理志》记载：汉武帝派遣使者和应募商人出海贸易。海船带了大批的金银、土产和丝绸，从今天雷州半岛的徐闻和广西的合浦出发，途经都元国（今越南岘港）、邑卢没国（今泰国叻丕）、谌离国（今缅甸丹那河林）和夫甘都卢国（今缅甸卑谬），航行到印度半岛南部的黄支国（今印度康契昔拉姆），然后，从己程不国（今斯里兰卡）返航，途经皮宗国（今印尼苏门答腊）回国。

南海航线在唐宋期间特别繁荣，据《唐书·地理志》记载：这条漫长的海洋航线叫"广州通海夷道"，它始于广州，沿着南中国海海路，穿越马六甲海峡，进入印度洋、波斯湾。如果沿波斯湾西海岸航行，出霍尔木兹海峡后,还可以进入阿曼湾、亚丁湾和东非海岸。整个航线途径90余个国家和地区,全程不算停留时间,大约需要三个月。公元八、九世纪,很多阿拉伯商人沿着这条航线来到广州,取"绫、罗、丝、帛之类"的物品贩运。世界名著《一千零一夜》里辛巴德航海冒险的故事,就是根据阿拉伯商人在东方航海的记录与传说而塑造的。

此时的广州港,取代了徐闻、合浦,成为南海航线第一大港。其繁荣景象在许多文献中都有记载,如《唐大和尚东征传》说:港中"有婆罗门、波斯、昆仑等舶,不知其数,兼载香药、珍宝,积载如山。其舶深六、七丈。狮子国、大石国、骨唐国、白蛮、赤蛮等往来居住,种类极多"。《唐国史补》卷下说:"南海舶,外国船也。每岁至……广州。师子国舶最大,梯而上下数丈,皆积宝货。"除广州外,当时对南海诸国贸易的主要港口还有明州、泉州、扬州等地。

明初郑和下西洋,海外航路发展达到了巅峰。史载,郑和七次下西洋,到过的国家或地区有爪哇、苏门答腊、苏禄、彭亨、真蜡、古里、暹罗、阿丹、天方、左法尔、忽鲁谟斯、木骨都束等30个,最远至非洲东岸,红海、麦加。在明代晚期著作《武备志》收录的"郑和航海图"上,不仅记载了530多个地名,还明确标出了城市、岛屿、航海标志、滩、礁、山脉和航路等。每次船队都由宝船、马船、粮船、座船、战船等成百艘组成。其中的宝船,即贸易船,"大者长四十四丈,阔一十八丈。中者长三十七丈,阔一十五丈"。宝船离开中国时,载着大量的锦绮、纱罗、绫绢以及各种瓷、铜、铁器等,返回时,载着船队购买或交换回来的各种香料、珍宝、药品、染料、五金以及木料、珍禽、异兽等。根据相关的文献记载,郑和船队规模之大、航程之远、持续时间之久、涉及领域之广等,均领先于同一时期的西方。令人扼腕痛惜的是,郑和之后的明朝廷,开始实施海禁政策。从此,中国船队便绝迹于印度洋和阿拉伯海,传统的海外贸易市场逐渐被其他国家蚕食殆尽,这条曾为东西方交往做出巨大贡献的海上丝绸之路,在国人的视野中也渐行渐远了。

3. 文明的纽带

在中国古代丝、麻、棉、毛纺织技术中，以丝绸技术水平最高，最值得称道，它对麻、棉、毛纺织印染技术影响很大。尤其重要的是，由于丝绸技术是中国独创的，精美的丝绸是高档纺织品的代表，因此古代丝绸贸易特别兴旺。为丝绸国际贸易开辟的"丝绸之路"，是连接世界几大文明的纽带，它大大促进了东西方经济、文化、宗教、语言的交流和融汇；推动了科学技术进步、文化传播、物种引进，各民族的思想、感情和政治交流以及创造人类新文明。可以这样说，丝绸对人类文明的贡献不逊于四大发明，而丝绸之路的开通，则使中国古代丝绸技术的特殊影响以及重要的历史地位在下面几个方面充分地表现出来。

一、因丝绸贸易而开辟的"丝绸之路"推动了人类文明进程。中国举世闻名的四大发明：造纸术、印刷术、火药、指南针，是中国古代文明的重要标志，对整个人类社会发展起到了重大的促进作用。在这四大发明中，指南针通过海上丝绸之路传入西方，正是它指引着欧洲的船只去环航全球，从而迎来了地理大发现的时代；而造纸术、印刷术、火药则是通过陆上丝绸之路传入西方，它们的西传促进欧洲近代文明的发展。一位英国科学家在评价我国古代四大发明时说："它们改变了世界上事物的全部面貌和状态，又从而产生了无数的变化。看来没有一个帝国，没有一个宗教，没有一个显赫人物，对人类曾经比这些发现施展过更大的威力和影响。"试想，如果没有丝绸，没有因繁荣的丝绸贸易产生的丝绸之路，人类文明的进程是不是要滞后许久？因此，从某种意义上来说，丝绸加快了人类文明的进步。

二、中国丝绸及技艺的外传丰富和美化了传入国人民的生活，改善了传入地区人民的衣着。据西方史书记载，中国丝绸未传入欧洲以前，欧洲人缝制衣服的原料只有羊毛和亚麻，柔软光亮、华丽美观的丝绸，一经传入欧洲立即受到欢迎。

三、促进了传入国纺织技术的进步。在中国丝绸外传之前，世界上其他国家对蚕桑一无所知，随着中国丝绸和蚕织技术的传入才使这些国家对蚕桑有所认识，开始加以利用，并逐渐生产出一些地方名产。中国的脚踏织机和提花机传到欧洲之前，欧洲使用的织机是较为落后的竖机，没有提花机，更不会织造大花纹织物。这两种织机的传入，使西方织机的结构发生了变化，开始了由竖式向横式的转变，并能织出一些较为复杂的提花织物了。欧洲人也正是因受中国丝织技术的启迪，而导致了许多机械的革新。1725年，法国工程师布乔便是受中国提花机利用花本储存提花信息的启发，巧妙地用"穿孔纸带"取代花本，控制提花编织机的织针运动。

四、中国丝绸及技艺的外传，其影响不仅是局限于传入国的纺织业，更重要的是对传入国的政治、经济甚至历史产生的积极作用。如13世纪意大利经济迅猛发展，成为欧洲文艺复兴的起始国，即是与大力发展丝织业分不开的；17世纪后期，法国经济形势好转，成为欧洲强国，也是与丝织业的兴起有关。再如日本明治维新（1868年）后，政府重视发展丝织业，并通过开拓国外生丝市场，使日本经济蒸蒸日上，从一个落后的封建国家，迅速转变成近代的资本主义国家。

五、从丝绸之路西传的不仅仅有丝绸技术和四大发明，还有中国其它的科学技术。如铸铁技术。汉代时，在汉匈战争中逃亡到西域地区的士卒，将铸铁技术传给大宛和安息的工匠。此后不久，乌兹别克斯坦境内的费尔干纳人也学会了中国铸铁技术，然后他们又将这种技术传入到俄国。安息人也曾努力获取中国的钢铁兵器，并使之渐渐流入罗马帝国。再如打井技术。中国很早就发明了井渠技术和穿井法，汉代军队在西域戍边时，苦于沙漠缺水，将井渠法移植到当地，巧妙地创造出坎儿井，引地下潜流灌溉农田，解决了用水难题。坎儿井在汉代边关出现不久，很快就传到周边国家。《史记》记载，大将军李广利率兵攻打大宛，利用断绝水源的方式围困城市。然"宛城中新得汉人知穿井"，令大宛人坚持了很长时间。在公元八九世纪时，中国医学也一度沿着丝绸之路传到阿拉伯地区。阿拉伯著名医学家阿维森纳所著《医经》中有一部分讲到诊脉，其论脉之浮、沉、弱等说法以及诊脉之方法，都同中国医书一样。

六、在丝绸之路向外输出中国文化的同时，大量的异域文化和物种，如世界各地的宗教、哲学、医学、数学、天文学、美术等文化精粹，棉花、玉米、花生、芝麻、胡萝卜、马铃薯等农作物，香料、玉石、珍宝、象牙等特产，狮、虎、豹等珍禽异兽，也沿着这条丝路进入中国，对中国从生产技术到社会生活都产生了深刻而又广泛的影响。仅就丝绸生产技术而言，汉代从西域输入的红花，取代了中国原产的茜草，而成为中国红色染料中的主导染料；南北朝之际东西文化的频繁交流，促进了中国的织锦技术的进一步发展，锦的图案风格也随之有了变化，出现了联珠纹及一些来自异域的动物，如天马、狮、象、孔雀等。正是基于这种异域文化的输入，东西文明的深层交流，中华文明才得到高度发展。

参考文献

1. 杜燕孙. 国产植物染料染色法 [M]. 北京：商务印书馆，1950.

2. 上海市纺织科学研究院编写组. 纺织史话 [M]. 上海：上海科学技术出版社，1978.

3. 上海纺织科学研究院. 长沙马王堆一号汉墓出土纺织品研究 [M]. 北京：文物出版社，1980.

4. 周匡明. 蚕业史话 [M]. 上海：上海科学技术出版社，1983.

5. 李仁溥. 中国古代纺织史稿 [M]. 长沙：岳麓书社，1983.

6. 陈维稷. 中国纺织科学技术史 [M]. 北京：科学出版社，1984.

7. 罗瑞林，刘柏茂. 中国丝绸史话 [M]. 北京：纺织工业出版社，1986.

8. 扬力. 中国的丝绸 [M]. 北京：人民出版社，1987.

9. 缪良云. 中国历代丝绸纹样 [M]. 北京：纺织工业出版社，1988.

10. 吴淑生，田自秉. 中国染织史 [M]. 上海：上海人民出版社，1988.

11. 朱新予. 中国丝绸史（通论）[M]. 北京：纺织工业出版社，1992.

12. 陈炳应. 中国少数民族科学技术史丛书·纺织卷 [M]. 南宁：广西科学技术出版社，1996.

13. 何堂坤，赵丰. 中华文化通志·纺织与矿冶志 [M]. 上海：上海

人民出版社，1998.

14.赵匡华，周嘉华.中国科学技术史·化学卷［M］.北京：科学出版社，1998.

15.孟宪文，班中考.中国纺织文化概论［M］.北京：中国纺织出版社，2000.

16.赵承泽.中国科学技术史·纺织卷［M］.北京：科学出版社，2002.

17.黄能馥，陈娟娟.中国丝绸科技艺术七千年［M］.北京：中国纺织出版社，2002.

18.林锡旦.太湖蚕俗［M］.苏州：苏州大学出版社，2006.

总　跋

《自然国学丛书》第一辑（9种）终于出版了。

《自然国学丛书》于2009年5月正式启动，当即受到众多专家学者的支持。在一年左右的时间内有近百名专家学者商报选题，邮来撰写提纲，并写出40多部书稿。经反复修改，从中挑选9部作为第一辑出版。

在此，我们深深地感谢专家学者的支持和厚爱，没有专家学者的支持，《自然国学丛书》将是"无源之水，无本之木"；深深地感谢"天地生人学术讲座"及其同仁，是讲座孕育了"自然国学"的概念及这套丛书；深深地感谢支持过我们的武衡、卢嘉锡、路甬祥、黄汲清、侯仁之、谭其骧、曾呈奎、陈述彭、马宗晋、贾兰坡、王绶琯、刘东生、丁国瑜、周明镇、吴汝康、胡仁宇、席泽宗等院士，季羡林、张岱年、蔡美彪、谢家泽、罗钰如、李学勤、胡厚宣、张磊、张震寰、辛冠洁、廖克、陈美东等资深教授，没有这些老专家、老学者的支持和鼓励，不会有"天地生人学术讲座"，更不会有"自然国学"的提出及其丛书；深深地感谢深圳出版发行集团公司及其海天出版社，特别是深圳出版发行集团公司原总经理兼海天出版社原社长陈锦涛，深圳出版发行集团公司现总经理兼海天出版社现社长尹昌龙，海天出版社总编辑毛世屏和全体责任编辑，他们使我们出版《自然国学丛书》的多年"梦想"变为了现实；也深深地感谢无私地为《自然国学丛书》及其出版工作做了大量具体工作的崔娟娟、魏雪涛、孙华。

当前，"自然国学"还是一棵稚苗。现在有了好的社会土壤，为它的苗壮成长创造了最根本的条件，但它还需要人们加以扶植，予以浇

水、施肥，把它培育成为国学中一簇新花，成为发扬和光大中国传统学术文化的一个新增长极。"自然国学"的复兴必将为中国特色的社会主义新文化、中国特色的科学技术现代化作出应有的贡献。

《自然国学丛书》主编

2011. 12